激发孩子兴趣的
自然百科

冰河 编著

中国纺织出版社有限公司

内 容 提 要

　　无论山川湖海、森林树木，还是风云雷电、花鸟虫鱼，都是大自然的神奇产物。大自然似乎拥有一双灵巧的双手，鬼斧神工般地雕刻出了一个个令人叹为观止的奇迹！学习自然百科知识，可以帮助我们了解沧海桑田、岁月变迁，能帮助我们预知天气变化和自然灾害，能因地制宜地安排生活和生产……

　　本书从孩子感兴趣的话题出发，逐渐引入自然知识，并从地球家园、地形地貌、气象万千、植物王国等方面，栩栩如生地向孩子展示了自然界的各种奇妙事物，让孩子能在享受知识盛宴的同时开拓视野，激发求知的欲望与兴趣。

图书在版编目（CIP）数据

　　激发孩子兴趣的自然百科 / 冰河编著. -- 北京：
中国纺织出版社有限公司，2024.4
　　ISBN　978-7-5180-9655-8

　　Ⅰ.①激…　Ⅱ.①冰…　Ⅲ.①自然科学－儿童读物
Ⅳ.①N49

　　中国版本图书馆CIP数据核字（2022）第113383号

责任编辑：刘桐妍　　责任校对：高 涵　　责任印制：储志伟

中国纺织出版社有限公司出版发行
地址：北京市朝阳区百子湾东里A407号楼　邮政编码：100124
销售电话：010—67004422　传真：010—87155801
http://www.c-textilep.com
中国纺织出版社天猫旗舰店
官方微博 http://weibo.com/2119887771
三河市延风印装有限公司印刷　各地新华书店经销
2024年4月第1版第1次印刷
开本：710×1000　1/16　印张：12
字数：125千字　定价：49.80元

亲爱的孩子们，

你知道地球是怎样形成的吗？

你知道生命是如何起源的吗？

你知道地球上有多少种植物吗？

你知道山川湖海是怎样形成的吗？

你知道恐龙长什么样子吗？

你知道始祖鸟到底是恐龙还是鸟吗？

你知道南极和北极都有哪些动物吗？

你知道天空为什么会出现彩虹吗？

你知道洪水来临时如何自救吗？

……

一直以来，地球以其永恒的神秘魅力吸引着人们，从荒凉的远古时期到科技如此发达的今天，人们从未停止对自然的探索。

的确，生命个体自出现以来，在大自然的怀抱中繁衍不息，从一些单细胞动物到复杂的哺乳动物，从海洋到陆地，从植物到动物……自然界呈现出的不可思议的生物多样性，以及生物之间、生物与环境之间复杂而又紧密的联系，都使我们生存的这个星球展现出无可匹敌的魅力与生机。探寻大自然的奇趣与奥秘，不仅可以加深人们对大自然的认识，还可以陶冶情操，激发人们的想象力，从而使人们更加热爱自然并自觉地保护自然。

这也是编写此书的目的，自然百科知识能引导我们去认识自然，保护自然，使人类与自然协调发展。

本书就是这样一本集实用性和趣味性于一体的自然百科全书，书中融合了中外自然科学各个领域研究的智慧结晶，分门别类地为孩子展现丰富有趣的自然科学知识。将自然的风貌演绎得真实而鲜活，使自然科学知识变得简洁易懂、妙趣横生。

编著者

2023年8月

目录
CONTENTS

第01章
地球家园

　　沧海桑田、斗转星移，地球是我们人类生存的家园，它起源于太阳星云，迄今为止已经有45.5亿年的寿命。那么地球是怎样诞生和形成的？地球为什么有昼夜交替和四季更迭？地球的内部结构怎样？让我们来一一探寻答案吧。

地球的诞生与形成过程

地球是人类赖以生存的家园，对于地球的探索，人们从未停止过脚步，很多小朋友可能会好奇，地球是怎样形成的呢？

多少世纪以来，科学家们一直在寻找这一问题的答案。直到19世纪末，在科学家们发现了放射性物质后，利用物质中放射性同位素含量测定其形成年代的方法开始被运用，这一问题的研究才得到突破性的进展。

科学家对格林兰一带的沉积岩进行了测定，发现这些沉积岩已经存在39亿年左右。随后，科学家又对澳大利亚的锆石矿物进行了测定，发现它的年龄大约有43亿年，测出一些陨石或矿物约46亿年，而在此之前，科学家们从未发现如此"高龄"的岩石或者矿物质。由于一般认为太阳和其他行星几乎是同时形成的，因此人们认为地球是距今46亿年前形成的。

46亿年前，地球是怎样形成的呢？对这一问题的回答，可谓众说纷纭。假如从1755年德国哲学家康德提出星云说开始算起，大约出现了40多种学说。从探讨行星物质的来源来看，各种学说可分为以下3类：

一是灾变说，这一学说认为，因为一次偶然的巨变，太阳中分离出了行星。比如，1745年法国动物学家布丰提出：曾有一颗慧星撞到太阳上，撞出来一部分物质形成了地球和其他行星。

二是俘获说，这一学说认为，原始星云来源于太阳从恒星际空间俘获的物质，后来星云凝聚成地球和行星。1944年，苏联地球物理学家施米特提出：太阳俘获的旋转的气体——尘埃中的固体粒子，最终凝聚形成地球和行星。

三是共成说，这一学说认为，在太阳系中，所有的天体都是由同一个原始星云形成的，星云的中心部分物质形成太阳，外围部分的物质形成地球和行星等天体。

各种学说，各有论据。但是，无论哪种学说，都建立在宇宙运动的基础上，并需要接受观测事实的检验。此外，不需要完全符合太阳系中各个天体表现出来的特征，目前，人们认为，地球是由原始太阳星云经过吸积、凝聚、碰撞这一过程，先形成地球胎，然后不断增生形成原始地球。

地球自形成以来也可以划分为5个"代"——太古代、元古代、古生代、中生代和新生代。有些"代"还进一步划分为若干"纪"，如古生代从远到近划分为寒武纪、奥陶纪、志留纪、泥盆纪、石炭纪和二叠纪；中生代划分为三叠纪、侏罗纪和白垩纪；新生代划分为第三纪和第四纪。这就是对地球历史时期最粗略的划分，我们称为"地质年代"，不同的地质年代有不同的特征。

在24亿年以前的"太古代"，地球表面已经形成了原始的岩石圈、水圈和大气圈。但那时地壳很不稳定，到处爆发火山，喷射出的岩浆四处蔓延，海洋面积广大，陆地上尽是些秃山。就在这一时期，铁矿大量形成，开始产生了大量的原始低等生命。

距今24亿～6亿年的"元古代"。"元古代"的意思就是原始生物的时代，这时出现了海生藻类和海洋无脊椎动物。此时的地球还是被海洋覆盖，到了"元古代"晚期，地球上才慢慢出现陆地。

距今6亿～2.5亿年是"古生代"。"古生代"的意思是这一时代的生命很古老，在这一时代，地球上出现了几千种动物，海洋无脊椎动物达到了一个空前繁盛的时代。鱼虾大量繁殖，并且还出现了一种用鳍爬行的鱼，并能登上陆地，成为陆上脊椎动物的祖先。除此之外，还有两栖类动物的出现。在北半球的陆地上，蕨类植物开始出现，有的植株高度达到30多米。这些高大茂密的森林，后来变成大片的煤田。

距今2.5亿～0.7亿年的"中生代"。"中生代"是一个爬行动物大量盛行的时代，比如地球的霸主——恐龙。除此之外，还有原始的哺乳动物、鸟类出现，蕨类植物开始衰败，进而被裸子植物所取代。"中生代"繁茂的植物和巨大的动物，后来就变成了许多巨大的煤田和油田。"中生代"还形成了许多金属矿藏。

"新生代"是地球历史上最新的一个阶段，时间最短，距今只有7000万年左右。这时，地球的面貌已同今天的状况基本相似了。"新生代"被子植物大量繁殖，各种食草、食肉的哺乳动物空前繁盛。自然界生物的大发展，最终导致人类的出现，古猿逐渐演化成现代人。一般认为，人类是第四纪出现的，距今约有240万年。

人类居住的地球就是这样一步一步演化到现在，逐渐形成了今天的面貌。

 **地球的内部结构**

　　地球内部结构是指地球内部的分层结构。根据地震波在地下不同深度传播速度的变化，一般将地球内部分为3个同心球层：地壳、地幔和地核。中心层是地核；中间是地幔；外层是地壳。地壳与地幔之间由莫霍面界开，地幔与地核之间由古登堡面界开。

1.地壳

　　地壳是地球球层结构的最外层，厚度一般在35～45千米，喜马拉雅山区的地壳厚度比这个一般厚度厚35千米。1909年莫霍洛维奇根据近震地震波走时确认地壳下界面的存在，在此界面以下，地震纵波的速度由平均6千米/秒突然增至8千米/秒。后来，人们将这个界面称为莫霍界面。

　　大陆地壳一般分为上地壳和下地壳，上地壳较硬，下地壳较软，上地壳主要承受应力和易发生地震的层位。海洋地壳较薄，一般只有一层，且比大陆地壳均匀。

2.地幔

　　地幔位于地壳和地核之间，平均厚度为2800余千米。1914年，古登堡根据地震波走时测定地核和地幔之间的分界面深度为2900千米，这个测定的结果十分准确，与最新测算到的数值只差15千米。

地幔分为上地幔和下地幔。上地幔中存在一个地震波的低速层，低速层之上为相对坚硬的上地幔的顶部。通常把上地幔顶部与地壳合称岩石圈。全球的岩石圈板块组成了地球最外层的构造，地球表层的构造运动主要在岩石圈的范围内进行。

关于地壳均衡的研究认为，岩石圈下面有一个物质层，其强度较小，容许缓慢变形和在水平方向流动，被称为软流圈。软流圈概念和地震学中的地幔低速层概念似乎指的是同一个对象，很多人把它们等同起来。板块大地构造学说认为，岩石圈板块漂浮在软流圈之上，可以做大规模的水平向移动。

3.地核

地核，顾名思义就是地球的核心部分，主要组成元素是铁元素和镍元素，半径约为3470千米。有学者根据通过地核的地震纵波走势提出，在地核内部还有个分界面，将地核分为外地核和内地核两部分。由于外地核不能让横波通过，因此推断外地核的物质状态为液态。

那么，地球的这一内部结构是怎么形成的呢？

原始地球形成后的几亿年里，开始了神奇的演化和发育过程。地球首先实现了层次的构造。在地球刚刚形成时，温度并不高，但是经过陨石的不断轰击、放射性物质的衰变以及地球外部重量的逐渐增加而导致了中心压力的增大，地球的温度也逐渐上升，其内部逐步变热。这时，在重力作用下物质开始分离，一些重的元素（如液态铁）沉到地球中心，形成一个密度较大的地核。另外，一些较轻的元素逐渐上升，热量被带到地球表层，在经过冷却以后再次下沉。在这种对流作用控制下的物质运动，使原始地球产生了全球性的分异，演化成为分层结构的地球。也就是表层为低熔点的较轻的物质组成的原始地壳，中心为铁质地核，在两者之间则为地幔。地球的层次结构的形成，是地球演化过程中最为重要的一部分。

地球内部的层次结构，我们无法直接通过肉眼观察，只能运用地震波测定，测定后我们发现，地球的大陆部分地壳平均厚度约35千米，海洋地壳平均厚度约为6千米，整个地壳平均厚度约为17千米。地壳主要是由岩石组成，成为岩石圈。

地幔处于地壳下方的2900千米范围内，其上层部分是一个软流层，一般认为，这是岩浆的发生地，其下层部分由于压力和密度增大，物质可能呈固态。地核在地下2900千米以下至地核中心部分可能是以铁、镍为主的固态。按照这样的分析，地球可能也和鸡蛋有蛋壳、蛋白这种分层一样的结构模式。

地球的内部结构

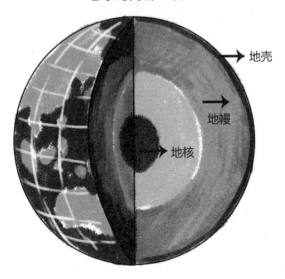

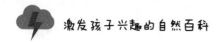

🌱 地球的公转与四季变化

你可能会好奇，为什么我们生活的地球上会有春夏秋冬4个季节？为什么季节循环往复、从不紊乱呢?

四季的形成是因为地球绕太阳公转的结果。地球一直不断自西向东自转，与此同时又绕太阳公转。

地球公转就是地球按一定轨道围绕太阳转动，而地球公转的轨道又是一个椭圆的形状，太阳始终位于一个焦点上。地球在不断公转的过程中，地轴与公转轨道始终会保持66°34′的交角，即地球始终是斜着身子绕太阳公转。因为地球公转的原因，致使太阳直射点在地球表面发生变化。

到了每年6月22日前后，地球公转到了远日点，太阳直射到了北回归线，北半球的夏至日就到了。与此同时，无论是获得的热量还是白昼时间，都是最多的，而且天气也炎热，属于北半球的夏季，但南半球正处于寒冷的冬季。

此后，地球继续绕太阳做公转运动，到了9月23日左右，太阳就会直射赤道，此时，就到了北半球的秋分日，现在南半球以及北半球得到的太阳热量相等，昼夜平分，北半球是秋季，南半球是春季。

地球继续不断运转，到12月22日左右，地球开始位于近日点，太阳便直射南回归线。这一天就是北半球的冬至日，而此时北半球得到的热量为最少，且白昼时间最短，气候也相当寒冷，是北半球的冬季，南半球刚好是夏季。

　　太阳直射点北返以后，在3月21日左右，太阳再次直接射向赤道，这一天就是北半球的春分日。这个时候是北半球的春季，而南半球却是秋季。地球像这样以一年为周期绕太阳不停运转，从而产生了四季的更替。

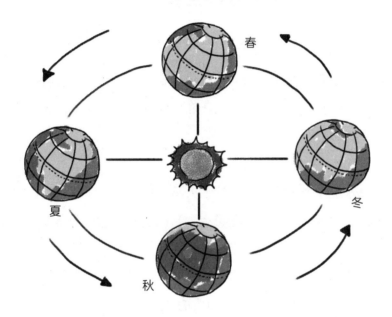

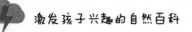

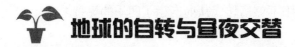 地球的自转与昼夜交替

我们每个生活在地球上的人都能感受到昼夜的交替，清晨我们伴着阳光醒来，黑夜时我们沉沉睡去，白天和黑夜永远没有交集，这就是地理上的昼夜交替现象。

那么，这种现象的产生原因是什么呢？

由于地球是一个不透明的星球，太阳、星辰给了地球光明，被太阳照射的一面就是白天，另一面就是黑夜。当我们中国这里是白天的时候，处在地球另一侧的美国正好是夜晚，地球不停地绕着自转轴由西向东旋转，天体东升西落的现象就是地球自转的反映。地球自转一周，相当于太阳东升西落，再升起的一周，就是我们日常的一天。

地球自转：地球绕自转轴自西向东的转动，从北极点上空看呈逆时针旋转 ，从南极点上空看呈顺时针旋转。但关于地球自转的各种理论目前都还是假说。

其实，早在古希腊，就有人提出了地球自转等各种猜想。中国战国时代《尸子·君治》一书中就已有"天左舒而起牵牛，地右辟而起毕昴"的论述，而对这一自然现象的证实和它被人们所接受，则是在1543年哥白尼日心说提出之后。

地球自转是地球的一种重要运动形式，自转的平均角速度为4.167×10^{-3}度/秒，在地球赤道上的自转线速度为465米/秒。地球自转一周耗时23小时

56分，约每隔10年自转周期会增加或者减少3/1000～4/1000秒。

有昼夜交替，就有晨昏线，晨昏线指的是昼夜半球的分界线，包括晨线和昏线。晨昏线的判读有以下几种方法。

1.自转法

按照地球自转的方向，由夜进入昼，为晨线；由昼进入夜为昏线。

2.时间法

在赤道上，6点所对应的就是晨线；18点对应的就是昏线。

3.方位法

昼半球东侧为昏线，西侧为晨线；夜半球东侧为晨线，西侧为昏线。

和人们所想象的不同，地球自转速度并不是匀速的，20世纪初以后，天文学研究发现，地球自转速度有以下3种变化：

（1）周期性变化。20世纪50年代，天文学家经过观测和分析发现，地球自转速度有季节性的周期变化，春天变慢，而到了秋天就变快，此外还有半年周期的变化。周年变化的振幅约为20～25毫秒，主要变化原因是风的季节性变化。

（2）不规则变化。地球自转的变化速度也并不是匀速、规则的，也偶尔存在着一些不规则的变化，至于变化原因，还尚未发现。

（3）长期减慢。一个世纪以内，这种变化让日的速度大约增长1～2毫秒（约合每35000年增长1秒），使以地球自转周期为基准所计量的时间，2000年来累计慢了2小时多。引起地球自转长期减慢的原因主要是潮汐摩擦。科学家发现在3.7亿年以前的泥盆纪中期地球上大约一年400天。

地球自转减慢还与人类的活动有很大的关系，特别是人造地球卫星的发射，其反作用力让地球自转直接变慢，根据动量守恒原理，这种因素应该是目前造成地球自转变慢的最主要原因。所以人类为了地球的安全，发射的卫星不应该再借助地球自转的动量。

 **赤道**

在一些自然学科中，赤道是经常出现的地点名词，赤道指的是地球表面的点随地球自转产生的轨迹中周长最长的圆周线，赤道半径6378.140千米，两极半径6357.752千米，平均半径6371.004千米，赤道周长40075.7千米。如果把地球看作一个绝对的球体，赤道距离南北两极相等，是一个最大的圆。它把地球分为南北两半球，其以北是北半球，以南是南半球，是划分纬度的基线，赤道的纬度为0°，赤道是地球上重力最小的地方。

在赤道，动植物比其他地方的动植物长得更快、更大，而且外形更怪异。赤道地区的阳光是地球上最强劲的能量。由于这里的阳光使海洋大量蒸发，这种冲击会在这样一个大范围中形成湿度柱，进而形成风和潜流，而风和潜流随后会最终给位于异常遥远的地方的生命提供能量。

 **两极**

两极指的就的地球的北极和南极。

北极指的是地球自转轴的北端，也就是北纬90°的那一点。北极地区是指北极附近北纬66°34′北极圈以内的地区。北极地区的气候终年寒冷，北冰洋是一片浩瀚的冰封海洋，周围是众多的岛屿以及北美洲和亚洲北部的沿海地区。冬季，太阳始终在地平线以下，大海完全封冻结冰。夏季，气温上升到冰点以上，北冰洋的边缘地带融化，太阳连续几个星期都挂在天空。北冰洋中有丰富的鱼类和浮游生物，这为夏季在这里筑巢的数百万只海鸟提供了丰富的食物来源。北冰洋周围的大部分地区都比较平坦，没有树木生长。冬季大地封冻，地面上覆盖着厚厚的积雪。夏天积雪融化，表层土解冻，植物生长开花，为驯鹿和麝牛等动物提供了食物。同时，狼和北极熊等食肉动物也依靠捕食其他动物得以存活。北极地区是世界上人口最稀少的地区之一。千百年以来，因纽特人（旧称爱斯基摩人）在这里世代繁衍，他们发现了石油，许多人从南部来到这里工作。

从字面意思上来说，南极指的就是地球最南端的位置，但实际上还包含南极洲、南极点、南极大陆、南极地区、南极圈等多种含义。而地理学上的南极为南地极和南磁极。南极被人们称为第七大陆，是地球上最后一个被发现、唯一一个尚未有人类定居的大陆，也是目前世界上唯一没有明确主权归属的一块冰雪大陆。

　　南极大陆面积约1400多万平方千米，与我国国土面积相比，还要大0.5倍，与欧洲整个地理面积相比，还要大约170万平方千米，南极大陆有98%的面积被冰雪覆盖。南极有地球上丰富的淡水资源，它的淡水储量约占世界总淡水量的90%。

　　南极，这片地球上人类最后发现的大陆，一直以来都被认为是地球上最为神秘的地带，即便是科学探索技术已经十分先进的今天，关于南极人们还有太多未被发掘的部分。

　　两千多年前的古希腊人认为，北半球大陆如此密集，地球为了平衡这一点，势必也会在南端有一块辽阔的、人烟稀少的大陆，正因为如此，从18世纪开始，人们开始不断征服南太平洋和南大西洋湍急的洋流。

　　南极大陆拥有丰富的矿藏资源，如铁矿。南极的铁矿是地球上最大的，按照世界上现有的采矿设备计算，还能开采二百年。另外，在南极大陆的周围海域和大陆架，蕴藏着大量的石油和天然气资源。

　　南极的动物主要有企鹅、飞鸟、海豹、海狮、鲸、磷虾等。其中企鹅和磷虾数量惊人，光企鹅约有一亿多只，磷虾有40多亿吨。在冰天雪地的南极，无论是动物还是植物乃至是一些微生物，它们都表现出了对环境的极强的适应性，它们不但能抵御严寒、食物的缺乏，还能在此不断繁衍。任何观看过法国导演吕克·雅克特的纪录片《帝企鹅日记》的观众，都会被电影中那些处于极限环境中依然顽强不息的企鹅们所震撼，电影带给我们的另外一个感受是：南极并不是一片蛮荒之地，这里诞生出了一个个生命的奇迹。

大陆漂移假说

大陆漂移假说是解释地壳运动和海陆分布、演变的学说。大陆彼此之间以及大陆相对于大洋盆地间的大规模水平运动，称为大陆漂移。大陆漂移说认为，地球上所有大陆在"中生代"以前曾经是统一的巨大陆块，称为泛大陆或联合古陆，"中生代"开始分裂并漂移，逐渐到达现在的位置。

大陆漂移假说是德国气象学家、地球物理学家阿尔弗雷德·魏格纳提出来的。魏格纳1880年11月生于柏林，1930年11月在格陵兰考察冰原时遇难。

19世纪以前，人们对于地球整体的地质构造并未进行全面、系统的研究与分析，对海洋与大陆是否变动，也没有明确与固定的认识。1910年德国的地球物理学家魏格纳在偶然翻阅世界地图时，发现一个奇特现象：大西洋的两岸——欧洲和非洲的西海岸遥与北南美洲的东海岸遥相呼应，有着极为相似的轮廓，前者大陆凸出的部分正好与另外一边大陆凹进去的部份能完美拼凑起一个整体。把南美洲跟非洲的轮廓比较一下，更可以清楚地看出这一点：远远深入大西洋南部的巴西的凸出部分，正好可以嵌入非洲西海岸几内亚湾的凹进部分。

魏格纳结合自己的考察经历，他认为这绝非偶然的巧合，并提出了一个大胆的假设：推断在距今3亿年前，地球上所有的大陆和岛屿都连结在一块，构成一个庞大的原始大陆，叫作泛大陆。泛大陆被一个更加辽阔的原始大洋所包围。后来从大约距今两亿年时，泛大陆先后出现了多处裂缝，每一裂缝的两侧，分别向相反的方向移动，随着裂缝的逐渐增大，海水在侵入后，就形成了新的海洋。相反地，原始大洋则逐渐缩小。分裂开的陆块各自漂移到现在的位置，形成了今天人们熟悉的陆地分布状态。

魏格纳少年时便向往到北极探险，由于父亲的阻止，他没能在高中毕业后就加入探险队，而是进入大学学习气象学。1905年，他以优异的成绩获得气象学博士学位后，致力于高空气象学的研究。1906年，他和弟弟两人驾驶高空气球在空中连续飞行了52小时，打破了当时的世界纪录。后来他又参加了去格陵兰岛的探险队，岛上巨大冰山的缓慢运动留给他的极其深刻的印象可能催化了后来他面对世界地图迸发的联想和兴趣。他开始利用业余时间搜集地学资料，查找海陆漂移的证据。

1912年1月6日，魏格纳在法兰克福地质学会上做了题为"大陆与海洋的起源"的演讲，提出了大陆漂移的假说。此后，由于研究冰川学和古气候学第二次去了格陵兰。在随后的第一次世界大战中，他的研究工作中断了，在战场上身负重伤，他于1915年养病期间出版了《海陆的起源》一书，系统地阐述了大陆漂移说。他在《海陆的起源》这部不朽的著作中努力恢复地球物理、地理学、气象学及地质学之间的联系。这种联系因各学科的专门化发展被割断。用综合的方法来论证大陆漂移。魏格纳的研究表明科学是一项精美的人类活动，并不是机械地收集客观信息。在人们习惯用流行的理论解释事实时，只有少数杰出的人有勇气打破旧框架提出新理论。但由于当时科学发展水平的限制，大陆漂移理论缺乏合理的动力学机制而遭到正统学者的非议。魏格纳的学说成了超越时代的理念。

大陆漂移假说一经提出，就在地质学界引起轩然大波。年轻一代为此理论欢呼，认为开创了地质学的新时代，但老一代均不承认这一新学说。魏格纳在反对声中继续为他的理论搜集证据，为此他又两次去格陵兰考察，发现格陵兰岛相对于欧洲大陆依然有漂移运动，他测出的漂移速度是每年约1米。1930年11月2日，魏格纳在第4次考察格陵兰时遭到暴风雪的袭击，倒在茫茫雪原上，那是他50岁生日的第二天。直到次年4月，搜索队才找到他的遗体。

1968年，法国地质学家勒比雄在前人研究的基础上提出六大板块的主张，它们是——欧亚板块、非洲板块、美洲板块、印度板块、南极板块和太平洋板块。板块学说很好地解决了魏格纳生前一直没有解决的漂移动力问题，使地质学在一个新的高度上获得了全面的综合。随着板块运动被确立为地球地质运动的基本形式，地学也进入了一个新的发展阶段。大陆分久必合、合久必分，海洋时而扩张、时而封闭，这已成为人们接受的地壳构造图景。到了20世纪80年代，人们确实相信，从大陆漂移说的提出到板块学说的确立，构成了一次名副其实的现代地学领域的伟大的革命。

魏格纳去世30年后，板块构造学说席卷全球，人们终于承认了大陆漂移假说的正确性。由此可见：一种正确的理论在其初期阶段常常被当作错误抛弃或是被当作与宗教对立的观点被否定，后期阶段则被当作信条来接受。但无论如何，人们至今还纪念魏格纳的，不是他生前冷遇与死后热闹，而是他毕生寻求真理、正视事实、勇于探索和不惜献身的科学精神。

第02章
地形地貌

　　相信小朋友们都知道，我们生活的地球表面并不是光滑平整的陆地，而是有着各种各样的地形地貌。关于地形地貌，人们很早已形成这一概念，并运用诸如山、丘陵、平原等词汇来加以描述，那么，地形地貌都有哪些呢？又有怎样的特征呢？接下来，我们来看看本章的内容。

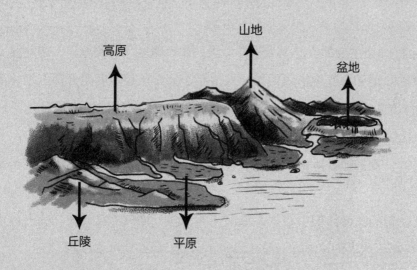

 **海洋**

在我们人类生活的地球上，其实占据主要地表面积的并不是陆地，而是海洋，地球海洋面积约为3.6亿平方千米，故有人将地球称为一个"大水球"，也有人将地球称为蓝色星球。

所谓海洋，是地球上最广阔的水体的总称。地球表面被各大陆地分隔为彼此相通的广大水域称为海洋，海洋的中心部分称作洋，边缘部分称作海，彼此沟通组成统一的水体。

地球上海洋总面积约为3.6亿平方千米，约占地球表面积的71%，平均水深约3795米。海洋中含有十三亿五千多万立方千米的水，约占地球上总水量的97%，而可用于人类饮用的只占2%。

地球上5个主要的大洋为太平洋、大西洋、印度洋、北冰洋、南冰洋，大部分以陆地和海底地形线为界。太平洋、大西洋和印度洋分别占地球海洋总面积的46%、24%和20%。到目前为止，人类已探索的海底只有5%，还有95%大海的海底是未知的。

不过，我们通常所说的海洋其实是海与洋的统称，而海与洋其实是有区别的：

洋，指的是海洋的中心，占据海洋的主体，世界上总面积，约占海洋面积的89%。大洋的水深，一般在3000米以上，最深处可达1万多米。

大洋远离陆地，受陆地干扰几乎为零，无论是盐度还是水温，并没有多大的差异，并且每个大洋都有自己独特的洋流和潮汐系统。大洋的水色蔚蓝，透明度很大，水中的杂质很少。

海，在洋的边缘，是大洋的附属部分。海的面积约占海洋的11%，海的水深比较浅，平均深度从几米到2～3千米。世界主要的大海接近50个。太平洋最多，大西洋次之，印度洋和北冰洋差不多，南冰洋最少。

海因为靠近大陆，受大陆、河流、气候和季节的影响，海水的温度、盐度、颜色和透明度，都受陆地影响，有明显的变化。夏季，海水变暖，冬季水温降低；有的海域，海水还要结冰。在大海与河流交界处，因为常年受到陆地雨水、河流的汇入，此处海水的盐度可能会降低。由于受陆地影响，河流夹带着泥沙入海，近岸海水混浊不清，海水的透明度差。海没有自己独立的潮汐与海流。海可以分为边缘海、内陆海和地中海。边缘海既是海洋的边缘，又是邻近大陆前沿；这类海与大洋联系广泛，一般由一群海岛把它与大洋分开。

中国的东海、南海就是太平洋的边缘海。内陆海，即位于大陆内部的海，如欧洲的波罗的海等。地中海是几个大陆之间的海，水深一般比内陆海深些。

那么，地球上的海洋是怎样形成的呢？

位于地表的一层地壳，在不断冷却凝结的过程中，因为受到了来自外界的剧烈运动的冲击、挤压等变得褶皱不平，有些情况下还会被挤破，形成地震与火山爆发，喷出岩浆与热气。

在长时期内，天空中的大气与水气相混合，形成乌云，而地壳在冷却的过程中，大气的问题也随之降低，水气以尘埃与火山灰为凝结核，变成水滴，越积越多。由于冷却不均，空气对流剧烈，形成雷电狂风，暴雨浊流，雨越下越大，就这样持续了几百年时间，滔滔的洪水，通过千川万壑，汇集成巨大的水体，进而形成了最原始的海洋。

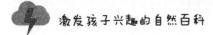

　　原始的海洋，海水不是咸的，而是带酸性，又是缺氧的。水分不断蒸发，反复地形成云致雨，重新落回地面，把陆地和海底岩石中的盐分溶解，不断地汇集于海水中。经过亿万年的积累融合，才变成了咸水。

 **大洲**

在地理学中，人们经常会将"四大洋"和"七大洲"放在一起。大洲，指的是地球上大陆和它附近岛屿的总称。全球共划分成7个大洲。它们恰似美丽的七巧板，相互组合，巧妙搭配，共同组建了地球上的陆地。按其面积大小依次划分为亚洲、非洲、北美洲、南美洲、南极洲、欧洲和大洋洲。

亚洲的面积是4400万平方千米，非洲的面积是3000万平方千米，北美洲的面积是2400万平方千米，南美洲的面积是1800万平方千米，南极洲的面积是1400万平方千米，欧洲的面积是1000万平方千米，大洋洲的面积是900万平方千米。中国在亚洲，是亚洲最大的国家。

以下是对各大洲名称由来的简单介绍。

1.亚洲

亚洲的全称是"亚细亚洲"。该词来源于古代西亚等地古人的闪米特语。亚细亚的意思是指东方日出的地方。亚洲是世界文明古国中国、印度、巴比伦的所在地，又是佛教、伊斯兰教和基督教的发祥地，对世界文化的发展有着重大的影响。

2.欧洲

全称为"欧罗巴洲"。古代的闪米特人将西方日落处叫"欧罗巴"。

以后在传播过程中略有发展，他们逐步把居住地的东部地区叫"亚细亚"，西部地区叫"欧罗巴"。欧洲是资本主义经济发展最早的一个洲。

欧、亚两洲紧紧连在一起，两洲的划分是根据两地不同的自然条件来决定的。两洲以乌拉尔山脉、乌拉尔河、里海、高加索山脉、黑海、博斯普鲁斯海峡和达达尼尔海峡作为其分界线。

3.美洲

美洲是南美洲和北美洲的合称，也是亚美利加洲的简称，又称新大陆。从公元1492年开始，意大利航海家哥伦布3次西航。他到达了现在美洲的巴哈马群岛，自己以为到了印度，就把自己发现的岛屿称为西印度群岛，并把那里的土著居民叫印第安，即印度人。"亚美利加"是由一位探险者的名字演变而来的。公元1499~1504年，意大利探险家亚美利哥到美洲探险，到达了南美洲北部地区。他证明了1492年哥伦布发现的这块地方只是欧洲人所不知道的"新大陆"，而不是印度。后来意大利历史学家彼得·马尔太尔在他的著作中首先用新大陆称呼美洲。德国地理学家华尔西穆勒在他的著作中以"亚美利加"的名字称这块大陆为亚美利加洲，并一直沿用到今天。

4.非洲

非洲是阿非利加的简称。希腊文"阿非利加"是阳光灼热的意思。赤道横贯非洲的中部，非洲3/4的土地受到太阳的垂直照射，年平均气温在20℃以上的热带占全洲的95％，其中有一半以上地区终年炎热，故称为"阿非利加"。

5.澳洲

澳洲是澳大利亚洲的简称。"澳大利亚"一词源于西班牙文，意思是

"南方的陆地"。人们在南半球发现这块大陆时，以为这是一块一直通到南极洲的陆地，便取名"澳大利亚"。后来才知道，澳大利亚和南极洲之间还隔着辽阔的海洋。澳洲又称大洋洲，大洋洲是指太平洋中的三大群岛——波利尼西亚、密克罗尼西亚和美拉尼西亚。

6.南极洲

南极洲因为地处地球南端而得名。它还有不少别名：因为它最后被人发现，所以也称为"第七大陆"；因为它在地球上的酷寒地区、终年冰雪覆盖，一片白皑皑的景象，所以又叫"冰雪大陆""白色大陆"。

 **山脉**

　　在地球的表面，山脉是一种重要的地表特征，它们沿一定方向延伸，包括若干条山岭和山谷组成的山体，因像脉状而称为山脉。主要是由于地壳运动中的内营力作用，有明显的褶皱，从而区别于山地，而山地则是在一定的力的作用下，褶皱现象不明显。

　　山脉的构成包括主山（主干）、大支、小支、余脉。余脉相对而言比较小，还与主干或大支相距一个较长的低暖地带。

　　构成山脉主体的山岭称为主脉，从主脉延伸出去的山岭称为支脉。几个相邻山脉可以组成一个山系，如喜马拉雅山系，包括柴斯克山脉、拉达克山脉、西瓦利克山脉和大、小喜马拉雅山脉。

　　地质学家认为，山的形成原因主要是地壳的水平挤压，一种是来自地球自转速度的变化而引起的东西方向的水平挤压，另一种在地球不同维度上来自地球自转的线速度不同，而造成的地壳向赤道方向的挤压。这两种挤压再加上地壳受力不均所造成的扭曲，就形成了各种走向的山脉。

　　一般来说，在地壳中那些比较坚实刚硬的部分，在发生地壳运动的时候，往往会发生断裂，在断裂的两侧相对上升或下降，有时也能突出地面成为高山。在地壳中一些柔弱地带往往较易受地壳运动剧烈而产生褶皱隆起，而造成绵亘的山脉，世界上许多山脉就是这样形成的。地壳运动造成了地面的凹凸不平后，再经过气候、流水以及冰川的侵蚀冲刷，才有了如今这样崇山峻岭的形象。

但是由于地壳运动并未停歇，一些新生代形成的山脉直到现在还在不间断地上升，像我国的喜马拉雅山，它在中国、印度和尼泊尔等国的边境上呈现弧形分布，绵延了2400多千米，而且平均的海拔有6000米，是世界上最高大最雄伟的山脉。而且它也包括世界上多座最高的山，世界第一峰——珠穆朗玛峰就是其中之一。

喜马拉雅山有着扶摇直上的高度，在它的一侧是陡峭参差不齐的山峰，其山谷和高山冰川令人惊叹，还有由于侵蚀作用被深深切割的地形，河流峡谷深不可测，地质构造复杂，动植物和气候表现出不同的生态联系的系列海拔带。不过从南面看像是一弯硕大的新月，其主轴超出雪线之上，而且山谷低处的供水都是由雪原、高山冰川以及雪崩形成的，从而也成为众多河流的源头。

喜马拉雅山被称为世界屋脊，是人类生活在地球上的最高部分，而且这个美丽的名字是由古印度的朝圣者根据梵文创造的，意思是冰雪的居所，因为喜马拉雅山常年被冰雪所覆盖。喜马拉雅山是世界上最美丽的地方之一，其主峰珠穆朗玛峰作为世界第一峰，对于中外登山队来说，是很有吸引力的攀登目标，但同时也向他们提出了最大的挑战。

著名的阿尔卑斯山脉是欧洲最高大的山脉，其绵延了1200千米，平均海拔约有3000米，它从热亚湾附近的图尔奇诺山口沿法国、意大利边境北上，后经瑞士进入奥地利境内。而阿尔卑斯的主峰勃朗峰位于意大利的边境上，其山峰终年积雪不化，银白如玉。

阿尔卑斯山脉冰川是欧洲最大的山地冰川中心，而在山区上有厚达1千米的冰盖，而且各种类型冰川地貌都很全面，其中以冰蚀地貌最为典型。上面的岛状山峰是由少数高峰突出冰面构成的，而且很多山峰的角峰都很锐利，并有由于冰川侵蚀作用形成的冰蚀崖、角峰、冰斗等，还有由于冰

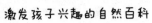
川堆积作用的冰碛地貌，并且有总面积约4000平方千米的现代冰川。

阿尔卑斯山脉的山势雄伟，许多的高峰终年积雪，是景色迷人的旅游胜地，是冰雪运动的圣地、登山者的乐园，吸引着来自各国的旅游者和登山爱好者。

 **河流**

河流，是我们经常可以看到的一种地表形态，它是指降水或由地下涌出地表的水汇集在地面低洼处，在重力作用下经常地或周期地沿流水本身造成的洼地流动。

河流里的水是降雨、雪山融化的水和地下水共同组成的。刚开始，河流可能只是融化的雪水所形成的小河流，也可能是地面上涌出来的一股泉水，或是雨水所汇集的小溪。当水越聚越多，便开始向地势低的地方流动。

此时，雪水融化的水不断流入小河中，而雨水也有一部分降落在河流里，另一些则渗入土壤里，形成地下水。有时，地下水会穿过岩石和土壤，慢慢渗入河流。有时，湖泊中的水也会溢出湖泊形成小溪汇入河流中。因为不断有雨水、雪水、地下水及小溪流等汇入，逐渐形成大河，最后流入大海中。

高原山脉地区，需要有常年固定的水源，如常年积雪的山脉和高原湖泊，只要有足够的地势落差，一般容易形成河流。

像非洲的尼罗河起源于东非高原地区的维多利亚湖，中国的长江起源于唐古拉山，黄河起源于巴颜喀拉山，雅鲁藏布江起源于喜马拉雅山脉，额尔齐斯河起源于阿尔泰，南美的亚马逊河起源于安第斯山脉等。

河流是地球上水分循环的重要路径，对全球的物质、能量的传递与输送起着重要作用。水流还不断地改变着地表形态，形成不同的流水地貌，如冲沟、深切的峡谷、冲积扇、冲积平原及河口三角洲等。在河流密度大的地区，广阔的水面对该地区的气候也具有一定的调节作用。

我国河流分为外流河和内流河。直接或间接流入海洋的河流叫外流河，流域面积约占全国陆地总面积的64%。长江、黄河、黑龙江、珠江、辽河、海河、淮河等向东流入太平洋；西藏的雅鲁藏布江向东流出国境再向南注入印度洋，这条河流上有长504.6千米、最深处达6009米的世界第一大峡谷——雅鲁藏布大峡谷；新疆的额尔齐斯河则向北流出国境注入北冰洋。流入内陆湖泊或消失于沙漠、盐滩之中的河流叫内流河，流域面积约占全国陆地总面积的36%。新疆南部的塔里木河，是中国最长的内流河，全长2179千米。

长江是中国第一大河，仅次于非洲的尼罗河和南美洲的亚马孙河，为世界第三长河。它全长6300余千米，流域面积180万平方千米。长江中下游地区气候温暖湿润、雨量充沛、土地肥沃，是中国重要的农业区；长江还是中国东西水上运输的大动脉，有"黄金水道"之称。黄河是中国第二大河，全长5464千米，流域面积75.2万平方千米。

黄河流域牧场丰美、矿藏富饶，历史上曾是中国古代文明的发祥地之一。黑龙江是中国北部的一条大河，全长5498千米，其中有3474千米流经中国境内；珠江为中国南部的一条大河，全长2320千米。除天然河流外，中国还有一条著名的人工河，那就是贯穿南北的大运河。它始凿于公元前5世纪，北起北京，南到浙江杭州，沟通海河、黄河、淮河、长江、钱塘江五大水系，全长2700千米，是世界上开凿最早、最长的人工河。

湖是地理学的名词，在地理上把四面都有陆地包围的水域称为湖，而湖的总称就是湖泊。湖泊是重要的国土资源，具有调节河川径流、发展灌溉、提供工业和饮用的水源、繁衍水生生物、沟通航运，改善区域生态环境以及开发矿产等多种功能，在国民经济的发展中发挥着重要作用同时，湖泊及其流域是人类赖以生存的重要场所。

中国著名的淡水湖有高邮湖、鄱阳湖、洞庭湖、太湖、洪泽湖、巢湖等。

内流区域的湖泊大多为内流河的归宿，湖水只能流进，不能流出，又因蒸发旺盛，盐分较多形成咸水湖，也称非排水湖，如中国最大的湖泊青海湖以及海拔较高的纳木错湖等。

中国的湖泊按成因有河成湖（如湖北境内长江沿岸的湖泊）、海成湖（即潟湖，如西湖）、岩溶湖（如云贵高原区石灰岩溶蚀所形成的湖泊）、冰川湖（如青藏高原区的一些湖泊）、构造湖（如青海湖、滇池等）、火山口湖（如长白山天池）、堰塞湖（如镜泊湖）等。

那么，湖泊是怎样形成的呢？

湖泊形成的原因有很多种，像地壳的运动、大自然的侵蚀、堆积作用与人为的力量，都会让地表形成凹陷的地蓄水变成湖泊。一般来说湖泊的成因可以分成几种类型：

1.构造湖

在高山高原、丘陵和平原的地表发生断裂出现凹陷，随着地表水以及雨水的汇入，凹陷的地方就会储水，湖泊就这样形成了，如我国台湾的日月潭是玉山和阿里山断裂陷落盆地积水而变成的一个高山构造湖。

2.火山口湖

系火山喷火口休眠以后积水而成，其形状是圆形或椭圆形。如长白山天池，深达373米，为中国第一深水湖泊。

3.河成湖

有些位于平原地区的河流受河道迁徙摆动、淤塞的影响，在河道上形成湖泊，这类湖泊会因为受到河水注入的影响，到了丰水期湖泊就扩大，枯水期会缩小；如果水量平稳，则湖的形态也就比较稳定，但是当水量变化较大时，河成湖形态的变化也跟着增加。

4.冰川湖

冰川湖主要分布于高山上有冰河的地方，一旦有冰河溶化，会因为冰川挖蚀成的坑和冰碛物堵塞蓄积而成湖泊，我国台湾的冰川湖多分布高海拔地区，如雪山山脉。

5.堰塞湖

堰塞湖的成形原因是经过了地质变动，如火山熔岩流、地震活动等山崩，造成河谷或河床的堵塞，随后经过蓄水而形成了湖泊，如果是因为火山熔岩堵住而形成的堰塞湖，叫熔岩堰塞湖，典型的就是竹子湖和草岭潭。

6.人工湖——水库、埤塘

处于灌溉和引用的目的，人类会在河谷筑起堤坝，然后拦截河里的水，用这样的方式所形成的湖泊，水库可以储存水，收集更多的水资源，如石门水库、明德水库和宝山水库等。

湖泊本身对全球变化敏感，在人与自然这一复杂的巨大系统中，湖泊是地球表层系统各圈层相互作用的联结点，是陆地水圈的重要组成部分，与生物圈、大气圈、岩石圈等关系密切，具有调节区域气候、记录区域环境变化、维持区域生态系统平衡和繁衍生物多样性的特殊功能。

 森林

在我们的生活中，到处都要用到木材、造房子、开矿山、修铁路、架桥梁、造纸、做家具……木材来自森林，那么什么是森林呢？森林其实就是一个高密度树木的区域。这些植物群落覆盖着全球大面积并且对二氧化碳下降、动物群落、水文湍流调节和巩固土壤起着重要作用，是构成地球生物圈当中的一个最重要方面。

俄国林学家G.F.莫罗佐夫1903年提出森林是林木、伴生植物、动物及其与环境的综合体。森林群落学、植物学、植被学称为森林植物群落，生态学称为森林生态系统。在林业建设上森林是保护、发展，并可再生的一种自然资源。具有经济、生态和社会三大效益。

森林被誉为"地球之肺"，每一棵树都是一个氧气发生器和二氧化碳吸收器。在人口聚集的城市，人们呼出的二氧化碳就有了去处，所需要的氧气也有了来源。

同时，森林能涵养水源，是一个巨大的"水库"，在水的自然循环中发挥重要的作用。"青山常在，碧水长流"，树总是同水联系在一起。降水的雨水，一部分被树冠截留，大部分落到树下的枯枝败叶和疏松多孔的林地土壤里被蓄留起来，有的被林中植物根系吸收，有的通过蒸发返回大气。

森林还能防风固沙，制止水土流失。狂风吹来，它用树身树冠挡住去

路，降低风速，树根又长又密，抓住土壤，不让大风吹走。大雨降落到森林里，渗入土壤深层和岩石缝隙中，以地下水的形式缓缓流出，冲不走土壤。

森林还有调节小气候的作用，据测定，在高温夏季，林地内的温度较非林地要低3～5℃。在严寒多风的冬季，森林能使风速降低而使温度提高，从而起到冬暖夏凉的作用。此外，森林中植物的叶面有蒸腾水分作用，它可使周围空气湿度提高。

森林更是控制全球变暖的缓冲器。由于近期人类大量使用化石燃料和森林大面积减少，导致大气二氧化碳浓度迅速增大，产生了"温室效应"，使全球发生气候变暖的趋势。研究结果证明，在当前大气二氧化碳浓度增加的因素中，森林面积减少约占所有因素总和作用的30%～50%。

不过，近年来，随着社会生产的发展，毁林开荒，辟林放牧，兴建城镇，砍伐木材，再加上战争破坏，火灾虫害，世界森林面积缩小的过程大大加快。每年大约有2000万公顷的森林从地球上消失。

森林破坏给我们带来了严重的恶果。水土流失、风沙肆虐、气候失

调、旱涝成灾，都同大规模的森林被破坏有关。人们毁林开荒的目的是多得耕地、多产粮食，可是结果适得其反，农作物反而减产，挨饿的人越来越多。人们滥伐森林的目的是多得木材，获取燃料，可结果也是事与愿违，木材越伐越少，某些森林资源本来很丰富的国家成了木材进口国，22个国家中有1亿人没有足够的林木供给他们最低的燃料需求。

森林与人类息息相关，是人类的亲密伙伴，是全球生态系统的重要组成部分。破坏森林就是破坏人类赖以生存的自然环境，破坏全球的生态平衡，使我们从吃的食物到呼吸的空气都受到影响。因此，保护森林应该成为全人类的共识且必须要落实到实际行动中。

 **草原**

相信很多孩子都向往一望无际的大草原，那么，你知道草原是怎样形成的吗？

在自然地理学科中，草原是种以草本植物为主的植被形态，分布于各大洲。属于土地类型的一种，是具有多种功能的自然综合体，分为热带草原、温带草原等多种类型。草原的形成原因是土壤层薄或降水量少，草本植物受影响小，而木本植物无法广泛生长。

世界草原主要划分为三大草原区，即欧亚草原区，北美草原区和南美草原区，非洲草原面积不大。

1.欧亚草原区

欧亚草原区是世界上面积最大的草原区。不仅如此，它还是最重要、也是目前保存最好的草原区。发源于欧洲多瑙河下游，经罗马尼亚、俄罗斯、哈萨克斯坦、蒙古，直达我国东北。东西跨度110个经度，北边是寒温性针叶林带，南临欧亚大陆荒漠，在北纬35°～51°。大致呈东西方向延伸至我国东北，不过因为我国东南临海转向西南至青藏高原南部。

欧亚草原区又分为3个亚区，即黑海——哈萨克斯坦亚区，亚洲中部亚区和青藏高原亚区。

黑海——哈萨克斯坦亚区位于欧亚草原区西半部，其东界大致与我国新疆和哈萨克斯坦的边界相符，在地中海气候影响下，春季温暖湿润，全年形成了两个生长高峰，春季短命和类短命植物发达。

亚洲中部亚区位于欧亚草原区东北部，主要包括蒙古高原，松辽平原和黄土高原。由于春季干旱，全年只有夏季一个生长高峰，缺乏春季短命和类短命植物。

青藏高原亚区是世界上海拔最高的草原区域，为高寒草原类型，群落中常出现高山垫状植物。

2.北美草原区

它又被称为普列里。位于北美大陆中部，沿山地走向纵贯南北，约跨了30个纬度。而东西狭长，不超过20个经度。

随着干燥度的增加，由高草普列里，混合普列里到矮草普列里。大致相当于欧亚草原的草甸草原，典型草原和荒漠草原。北美草原原本也是非常肥沃富饶的一片草原区，这里也曾野牛成群，不过，因为人类的大量开垦，这片草原区曾于1934年发生了一场席卷全美的黑风暴。

3.南美草原区

它又被称为潘帕斯。包括阿根廷中东部，乌拉圭和巴西南部。这片草原区的面积较小，大都被开垦。

然而，近年来，在人类不合理的利用下，草原生态系统被人为破坏，出现了草原退化现象，主要表现是草地植被的高度、盖度、产量和质量下降，土壤生境恶化，生产能力和生态功能衰退。在大范围、长时间的草原退化影响下，引起的不仅仅是草地本身的生产力下降，更造成了整个生态环境与人类生存发展方面的威胁。

以我国为例，据调查，与50～60年代相比，我国当下的草原牧草产量下降了大约下降30%～50%。如新疆乌鲁木齐县，1965年草原每亩草场平均产草量85千克，到1982年已降至53千克，平均每年减少1.5千克。除了草原草场的产草量以外，衡量草原是否退化的一个重要标志是牧草质量上的变化，包括可食性牧草减少，毒草和杂草增加，使牧场的使用价值下降。例如，青海果洛地区，在草原退化前，全部草量中，毒草只占的19%～31%，退化后增加到30%～50%，优质牧草则由33%～51%下降到4%～19%。草原退化，植被疏落，导致气候恶化，许多地方的大风日数和沙暴次数逐渐增加。气候的恶化又促进了草原的退化和沙化过程。

我国是世界上沙漠化受害最重的国家之一。我国北方地区沙漠化面积已近18万平方千米，从20世纪50年代末到70年代末的20年间，因沙漠化已丧失了3.9万平方千米的土地。所以，草原治理已经成为了一个迫在眉睫的问题。

 盆地

在世界五大基本陆地地形中，就有一种地形——盆地，它的主要特征是四周高，中部低，因盆状得名，在全球分布广泛。世界许多大城市也建立在盆地中，如韩国首尔、中国台湾等。

盆地主要是由于地壳运动形成的。在地壳运动作用下，地下的岩层受到挤压或拉伸，变得弯曲或产生了断裂就会使有些部分的岩石隆起，有些部分下降，如下降的那部分被隆起的那些部分包围，盆地的雏形就形成了。

许多盆地在形成以后还曾经被海水或湖水淹没过，像四川盆地、塔里木盆地、准噶尔盆地等，都遭遇了这样的经历。后来，随着地壳的不断抬升，加上泥沙的淤积，盆地内部的海、湖慢慢地退却干涸，只剩下一些河水或小溪了。但是，那些曾经存在过的海湖河流，曾经生活过的大量生物死亡以后被埋入淤泥中，就会成为形成石油、煤炭的物质基础，这就是科学家们非常关注盆地研究的重要原因。盆地中的岩石沉积大多相对比较完整而连续，生活在那里的动物、植物死后也比较容易保存成化石，所以盆地也是古生物学家们寻找化石的好去处。

还有一些盆地，主要是由地表外力，如风力、雨水等破坏作用而形成的。河流沿着地表岩石比较脆弱的地方向下侵蚀、切割形成各种不同大小的河谷盆地。在我国西北部广大干旱地区，风力特别强，把地表的沙石吹走以后，形成了碟状的风蚀盆地。甘肃、内蒙古和新疆等地区的一些盆地

就是这样形成的。

另外，在一些地下有石灰岩发育的地区，常年流动的地下水会使那里的岩石溶解，引起地表的岩石塌陷，也会形成盆地，地质学家们把这类成因的盆地称为岩溶盆地。我国西南云贵高原和广西等地就有很多这种类型的盆地。

在强烈的挤压或拉伸作用下，一些大型盆地的基底会发生断裂，形成一些"断陷盆地"。在我国华北渤海湾、西南地区的横断山区等地壳活动剧烈的地区，这类盆地多见。

沉积盆地在发展过程中经常受到地壳构造活动的影响，这种活动可以被盆地不断接受的沉积物记录下来，通过对这些沉积物的地质和地球化学研究，人们能够描述、反演出这些地域中诸如气候变化、海平面变化、对气候有重大影响的温室气体与大气圈发生交换作用以及由构造活动决定的地形变化等地球演化历史过程。

世界上很多地区都有盆地地形，如非洲的刚果盆地、乍得盆地，澳大利亚的大自流盆地等。在我国也分布着大大小小许多盆地，其中我国的四大盆地为：塔里木盆地、准噶尔盆地、柴达木盆地和四川盆地。

刚果盆地是世界最大最典型的盆地，也称扎伊尔盆地。位于非洲中西部下几内亚高原、南非高原和阿赞德高原之间，大部分在扎伊尔境内，包括刚果河（扎伊尔河）流域的大部分，面积约337万平方千米。

刚果盆地南北均为高原，东部为东非大裂谷，缺口在西部即刚果河下游和河口地段。赤道线从盆地中部通过。刚果盆地包括了刚果河流域的大部，平均海拔400米，有大片沼泽。周围的高原山地海拔超过1000米。

刚果河的许多支流都到盆地内汇进干流，因此，这里水系发达。盆地气候属于热带雨林气候，年平均气温25～27℃，降水量1500～2000毫米以上。这里是一片郁郁葱葱的热带森林，有多种珍贵树种和热带作物。盆地边缘矿产丰富，盆地中水资源充沛，因此，人们称刚果盆地为"中非宝石"。

 沙漠

　　在地表形态中，沙漠是其中之一，沙漠主要是指地面完全被沙所覆盖、植物非常稀少、雨水稀少、空气干燥的荒芜地区。沙漠地域大多是沙滩或沙丘，沙下岩石也经常出现。有些沙漠是盐滩，完全没有草木。沙漠一般是风成地貌。沙漠里有时会有矿床，近代也发现了很多石油储藏。沙漠少有居民，资源开发也比较容易。沙漠气候干燥，它也是考古学家的乐居，可以找到很多人类的文物和更早的化石。

　　沙漠形成的条件之一就是干旱的气候。当你打开世界地图的时候，会发现有沙漠的地区大多在北回归线和南回归线之间。

　　比如，北非的撒哈拉大沙漠、澳大利亚的维多利亚大沙漠、南亚的塔尔沙漠、阿拍伯半岛的鲁卡哈里沙漠都集中在赤道南北纬15°～35°度。这是因为地球自转使得这些地带长期笼罩在大气环流的下沉气流之中，气流下沉破坏了成雨的过程，形成了干旱的气候，造成茫茫的大沙漠。

　　除此之外，稀少的降水量也是形成沙漠的主要原因。据科学家们统计，沙漠地区的年降水量一般都小于50毫米，有的地方甚至常年没有一滴雨。这些没有雨水滋润的地区，终日经受太阳的炙烤，慢慢就变成了沙漠。在电视中看到沙漠时，我们不禁感叹于那一眼望不到边的壮观。

　　这要归功于风对沙土的搬运了。沙漠地区的风力十分强盛，将地面的泥沙吹跑后，在风力减弱或遇到障碍物时堆成许多沙丘，掩盖在地面上，

最终形成沙漠。因此，沙漠的地表会随着风的吹动而变化出不同的形态。

除了传统的沙漠形成原因外，美国的科研人员认为，尘埃是形成沙漠的主要原因。可大量的尘埃又源于何处呢？有的学者指出，塔尔沙漠的尘埃最初是由人类造成的，后来沙漠又加剧了它的密度。于是有人提出，人类才是破坏生态环境、制造沙漠的真正凶手。

对此，专家总结出近些年来沙漠化现象日益严重的原因。

1.不合理的农垦

无论在沙漠地区或原生草原地区，一经开垦，土地即行沙化。在1958～1962年，片面地理解大办农业，在牧区、半农牧区及农区不加选择，乱加开荒，1966～1973年，又片面地强调以粮为纲，说什么"牧民不吃亏心粮"，于是在牧区出现了滥垦草场的现象，致使草场沙化急剧发展。

由于风蚀严重，沙荒地区开垦后，最初1～2年单产尚可维持二三十千克，以后连种子都难以收回，只有弃耕，加开一片新地，这样导致"开荒一亩，沙化三亩"。据统计，仅鄂尔多斯地区开垦面积就达120万公顷，造成120万公顷草场不同程度地沙化。

2.过度放牧

由于牲畜过多，草原产草量供应不足，使很多优质草种长不到结种或种子成熟就吃掉了。另外，像占牲畜总数一半以上的山羊，行动很快，善于剥食沙生灌木茎皮，刨食草根，再加上践踏，使草原产草量越来越少，形成沙化土地，造成恶性循环。

3.不合理的樵采

从历史上来讲，樵采是造成我国灌溉绿洲和旱地农业区流沙形成的重要因素之一。以伊克昭盟为例，据估计五口之家年需烧柴700多千克，若采油蒿则每户需5000千克，约相当于3公顷多固定、半固定沙丘所产大部或全部油蒿。

沙漠治理的关键是防风固沙，保护已有植被，并且在沙漠地区有计划地栽培沙生植物，造固沙林。一般是在沙丘迎风坡上种植低矮的灌木或草本植物，固住松散的沙粒，在背风坡的低洼地上种植高大的树木，阻止沙丘移动。沙漠治理仍是世界性难题，各地沙漠成因不同，治理方式也不同，不能从一而论。

 沼泽

在一些电影、电视中有一些关于丛林探险的镜头：主人公突然掉入沼泽，越陷越深，关键时刻获得求助而脱困，一些孩子可能好奇，为什么沼泽能"吞人"呢？

这要从沼泽的特征谈起。沼泽是指地表及地表下层土壤经常过度湿润，地表生长着湿性植物和沼泽植物，有泥炭累积或虽无泥炭累积但有潜育层存在的土地。

那么，沼泽是怎么形成的呢？

沼泽形成的首要条件是水分。只有过多的水分才能引起喜湿植物的侵入，导致土壤通气状况恶化，并在生物作用下形成泥炭层。具体分以下情况：

1.湖泊演变

在气候湿润的地区，泥沙被河水带入湖泊中，水面变宽，水流速度减慢，逐渐导致携带泥沙的能力变弱，泥沙会在湖边逐渐沉积下去，浅滩就是这样形成的。其中一些微小的物质，随着水流漂到湖泊宽广处，沉积到湖底。

久而久之，湖泊的深度越来越小，并且在湖水深浅不同的位置，越来越多的水生植物繁盛起来，深处会有眼子菜等各种藻类；在较深地带，生

长着浮萍、睡莲、水浮莲等；在沿岸浅水区，生长着芦苇、香蒲等。

它们借助着湖泊不断生长，又不断消亡，然后产生大量的腐烂残体，不断在湖底堆积，最终形成泥炭。随着湖底逐渐淤浅，又出现了一些新的植物，然后向湖泊中心发展，湖泊就更浅了，当湖泊中的沉淀物增大到一定的限度时，原来水面宽广的湖泊就变成浅水汪汪、水草丛生的沼泽了。

2.河流沿岸

低洼平原上的河流沿岸，在河水浅、流速慢的情况下，可以生长水草而逐渐形成了沼泽。在沿海的低地，反复被海水淹没，海滩上杂草、芦苇丛生，也可形成盐沼泽。有些高原、高山地区，由于冬季地面积雪，到次年春夏季节冰雪融化，地面积水，短草和苔藓植物杂生，也可形成沼泽。

3.森林地区

在森林地区，枯枝落叶在林下不断堆积，好像给地面盖了一层很厚的被子，它既能大量积蓄雨水，又可以减少土壤蒸发，保持着过度湿润的状态。又因为碳化过程的进行，土壤中大部分的矿物养分被淋失，造成草木死亡，而代之以繁茂的苔藓植物。苔属植物能保留大量水分，使植物残体的分解过程减慢，泥炭开始堆积，逐渐形成沼泽。在我国大、小兴安岭的森林中，就可以看到这种森林沼泽化的现象。

4.湿润地区

在一些湿润的地区，杂草旺盛，形成了厚实的草，土壤的通风情况不佳，碳分逐渐减少，原有植物渐趋衰亡，生长莎草、水藓等植物。这些喜湿性植物，有很强的蓄水能力，因此更加强了湿润状况，草甸沼泽化得以迅速发展。在我国，位于四川西部的一部分草地，形成原因就是这样的，沼泽地全部被淤泥填满，人体密度更大，由于重力的作用就会越往下沉。

沼泽形成的首要条件是水分。只有过多的水分才能引起喜湿植物的侵入，导致土壤通气状况恶化，并在生物作用下形成泥炭层。

会"陷人"的那种沼泽地叫作"流沙"，它是一种特殊的非牛顿流体，具有"剪切增稠"效应。这种流体有个特点：你别扰动它，让它自己静静，它看起来就是液体；一旦你大力扰动它了，它就成了固体。

这种性质，在静止状况下，它是液体；一脚踩上去，轻松没过脚面；然后惊慌之下，猛抽脚，脚面上的"稀泥"就忽然变得好像凝固的水泥一样，把脚拽掉都拉不出来。

此时，慌张解决不了任何问题，反而会让情况更糟糕，因为只要一挣扎，抬左脚你就会不由自主地用力把右脚往下插，抬右脚你又会不由自主地用力把左脚往下插，会被埋进沼泽淤泥之下。最好的办法是平躺、侧卧，或者趴下，人体平均密度和水非常接近，基本上吸一口气就能浮起来，更比泥水混合物低得多得多。然后，借助躯干浮力，慢慢抽脚。注意千万要慢，慢了，它就是流体，无须费很大力就能出来。

 **高原**

　　相信很多孩子都听说过青藏高原，它是世界上最高的高原，那么，什么是高原呢？从自然地理的角度看，高原是指海拔高度在500米以上的地区，地势相对平坦或者有一定起伏的广阔地区。如我国的青藏高原、云贵高原。

　　高原素有"大地的舞台"之称，它是在长期连续的大面积地壳抬升运动中形成的。有的高原表面宽广平坦，地势起伏不大；有的高原则是山峦起伏，地势变化很大。

　　按高原面的形态可将高原分几种类型：一种是顶面较平坦的高原，如中国的内蒙古高原；另一种是地面起伏较大，顶面仍相当宽广的高原，如中国青藏高原；还有一种是分割高原，如中国的云贵高原，流水切割较深，起伏大，顶面仍较宽广。

　　世界最高的高原是中国的青藏高原，面积最大的高原为巴西高原。高原最本质的特征是：海拔高、气压低、氧气含量少。高原分布甚广，连同所包围的盆地一起，大约占地球陆地面积的45%。高地的形成与地球的形成有很大联系。

　　距今4亿~5亿年前的奥陶纪，其后青藏地区各部分地壳升降，或为海水淹没或为陆地。到2.8亿年前，今青藏高原是波涛汹涌的辽阔海洋。这片海域横贯现在欧亚大陆的南部地区，2.4亿年前，由于板块运动，分离出来的印度板块以较快的速度开始向北向亚洲板块移动、挤压。

其北部发生了强烈的褶皱断裂和抬升，促使昆仑山和可可西里地区隆生为陆地。随着印度板块继续向北插入古洋壳下，并推动着洋壳不断发生断裂，约在2.1亿年前，特提斯海北部再次进入构造活跃期，北羌塘地区、喀喇昆仑山、唐古拉山、横断山脉脱离了海浸。

到了距今8000万年前，印度板块继续向北漂移，又一次引起了强烈的构造运动。冈底斯山、念青唐古拉山地区急剧上升，藏北地区和部分藏南地区也脱离海洋成为陆地。整个地势宽展舒缓，高原的地貌格局基本形成，地质学上把这段高原崛起的构造运动称为喜马拉雅运动。

一致性增厚学说认为印度板块向北推挤，导致青藏高原岩石圈大规模缩短，由此产生了比正常地壳厚一倍的地壳，导致了青藏高原的隆升。如果我们想把房顶变高，会有两种选择：可以在原来屋顶上再加盖一层，也可以把原屋顶两边的屋脊往中间挤，让它更高耸。

英国地质学家杜威和伯克就觉得青藏高原是靠第二种方法"长"起来的。他们于1973年提出一致性增厚学说，认为在青藏高原地体之下并没有吸收印度大陆的地壳，印度板块的作用就好像是一个带有锯齿形末端的刚性块体而向北推挤。

 **平原**

　　有高原就有平原，平原指的是地面平坦或起伏较小的一个较大区域，主要分布在大河两岸和濒临海洋的地区。平原有两大类型：独立型平原，是世界五大陆地基本地形之一，例如，长江下游平原；从属型平原，是某种更大地形里的构成单位，高原可以包括盆地（青藏高原就包括柴达木盆地），而盆地常有大小不同的平原和丘陵等，如关中平原、成都平原（在四川盆地）和长江中游几个平原都在盆地里。

　　盆地与平原的关系：一些盆地包括平原、丘陵和河谷，如松辽盆地等几个盆地里的平原组成东北平原，两湖盆地包括两湖平原等；有的平原中间的大凹形区域也是盆地，如华北平原里有渤海，西伯利亚平原的大凹形就是西伯利亚盆地。

　　平原的形成一般都是河流冲击的结果，河流在拓宽自己河床的同时，把大量的泥沙堆积在两岸，日积月累，这些沉淀物就慢慢形成了平原。按其形成原因可以分为构造平原、堆积平原和侵蚀平原。

　　平原的形成大体可以分为三大类：①构造平原，由地壳运动形成；②堆积平原，主要由河流冲积而成，特点是地面平坦，面积广大，多分布在大江、大河的中下游两岸地区；③侵蚀平原，主要由海水、风、冰川等外力作用不断剥蚀、切割而成，特点是地面起伏较大。

　　平原是地面平坦或起伏较小的一个较大区域，主要分布在大河两岸和濒临海洋的地区。陆地上地表面低于海拔200米，地面开阔、平坦的土地称为平原。平原地区一般地势低，土地肥沃，人口密集，经济发达。世界上大部分人口生活在平原上。

我们可以将平原分为两种类型。

1.独立型

独立型平原是一级级别的地形，是世界五大陆地基本地形之一。东北平原、华北平原、长江下游平原、西欧平原等都是一级级别的地形，这种平原海拔较低。

2.从属型

从属型平原是某种更大地形里的构成单位。高原和大型山脉可以包括盆地（青藏高原就包括柴达木盆地、吐鲁番盆地在天山山脉东部的南北支之间），河流穿越的盆地一般有平原（大小不一）、丘陵、谷地，盆地的底部一般是某种平原，如四川盆地就包括成都平原，两湖盆地包括江汉平原和洞庭湖平原。

成都平原（在四川盆地）和长江中游几个平原都在盆地里（两湖盆地和南昌盆地），关中平原在周围一个大盆地的中部地带。

东北平原、华北平原、长江中下游平原是我国的三大平原，全部分布在中国东部，在第三级阶梯上。东北平原是中国最大的平原，海拔200米左右，广泛分布着肥沃的黑土。华北平原是中国东部大平原的重要组成部分，大部分海拔50米以下，交通便利，经济发达。长江中下游平原大部分海拔50米以下，地势低平，河网纵横，向有"水乡泽国"之称。

 **岛屿**

岛屿是指四面环水并在高潮时高于水面的自然形成的陆地区域，而且能维持人类居住或者本身的经济生活。从客观上来说，可使用的食物、淡水和居住场所就是能够支持人类居住的岛屿的主要特征。只要这3个基本条件存在，我们就可以认为此岛能够维持人类居住，无论其可以维持多久。岛拥有领海、毗连区和专属经济区。在狭小的地域集中两个以上的岛屿，即成"岛屿群"，大规模的岛屿群称作"群岛"或"诸岛"，列状排列的群岛即为"列岛"。如果一个国家的整个国土都坐落在一个或数个岛之上，则此国家可以被称为岛屿国家，简称"岛国"。

全球岛屿总数达5万个以上，总面积为约为997万平方千米，大小几乎和我国面积相当，约占全球陆地总面积的1/15。从地理分布情况看，世界七大洲都有岛屿。其中北美洲岛屿面积最大，达410万平方千米，占该洲面积的20.37%；南极洲岛屿面积最小，才7万平方千米，只占该洲面积的0.5%。南美洲最大的岛是位于南美大陆最南端的火地岛，为阿根廷和智利两国所有，面积48400平方千米；南极洲最大的岛屿是位于别林斯高晋海域的亚历山大岛，面积43200平方千米。

世界上最大的岛屿是格陵兰岛，面积达217.56万平方千米。

世界上最大的群岛是马来群岛，它位于亚洲东南部太平洋与印度洋之间辽阔的海域上，由苏门答腊岛、加里曼丹岛、爪哇岛、菲律宾群岛等两万多个岛屿组成，沿赤道延伸6100千米，南北最大宽度3500千米，总面积约243万平方千米，约占世界岛屿面积的20%。

海洋中的岛屿面积大小不一，小的不足1平方千米，称为"屿"；大的达几百万平方千米，称为"岛"。按成因可分为大陆岛、海洋岛或火山岛、珊瑚岛和冲积岛。按岛屿的数量及分布特点分为孤立的岛屿和彼此相距很近、成群的岛屿（群岛）。那么，岛屿是怎样形成的呢？这要根据不同岛屿的类型来分析：

大陆岛是指在地质构造上与大陆相似或相关的岛屿。一般多位于大陆附近，原为大陆的一部分，后因地壳下沉或海面上升，使其与大陆分隔而成的岛。如我国的台湾岛、海南岛，北美洲的格陵兰岛和纽芬兰岛，欧洲的大不列颠群岛等均属大陆岛。地形特点上也没有统一的标准，因地理环境而异。而且，一般距离大陆比较近的小岛，基本都是大陆岛，像浙江的舟山群岛，洞头岛、一江山岛，福建的海坛岛、湄州岛、鼓浪屿、东山岛等东南沿海诸岛屿。

火山岛由海底火山喷发物堆积而成，一般具有高度大而面积小的特点，像太平洋上的很多岛屿都是火山岛，如夏威夷群岛。

珊瑚岛分布于南北纬30°之间、水温大于20°的浅海区内，由热带亚热带海洋中的珊瑚虫遗体堆积的珊瑚礁构成的。地面一般低平，多沙，像南海的东沙、西沙、南沙、印度洋的马尔代夫都是珊瑚岛，还有一些珊瑚岛分布于主海岛附近，如澎湖列岛、琉球群岛附近又有很多小的珊瑚岛。

冲积岛常形成于河口附近，它的组成物质主要是泥沙。陆地的河流流速比较急，带着上游冲刷下来的泥沙流到宽阔的海洋后，流速就慢了下来，泥沙就沉积在河口附近，长年累月，越积越多，逐步形成高出水面的陆地，这就叫冲击岛，也叫沙岛。像崇明岛、江苏省扬中县所在的沙洲都属于冲积岛。

 **瀑布**

　　瀑布是很多旅游爱好者喜欢的美景，瀑布在地质学上叫跌水，即河水在流经断层、凹陷等地区时垂直地跌落。在河流的时段内，瀑布是一种暂时性的特征，它最终会消失。侵蚀作用的速度取决于特定瀑布的高度、流量、有关岩石的类型与构造，以及其他一些因素。在一些情况下，瀑布的位置因悬崖或陡坎被水流冲刷而向上游方向消退；而在另一些情况下，这种侵蚀作用又倾向于向下深切，并斜切包含有瀑布的整个河段。随着时间的推移，这些因素的任何一个或两个在起作用，河流不可避免的趋势是消灭任何可能形成的瀑布。

　　形成瀑布的原因很多，主要原因是：组成河床底部的岩石软硬程度不一致，被河水冲击侵蚀得厉害，形成陡坎，坚硬的岩石则相对悬垂起来，河水流到这里，便飞泻而下，形成了瀑布。也可以说，河水在河道中奔流，遇到河床的陡坎时，便跌下来，形成了瀑布。除此之外，还有因山崩、断层、熔岩堵塞、冰川等作用，形成瀑布的。

　　河流的能量最终将建造起一个相对平滑的、凹面向上的纵剖面，甚至当作为河流侵蚀工具的碎石不存在的情况下，可用于瀑布基底侵蚀的能量也是很大的。与任何大小的瀑布相关、也与流量和高度相关的特征性特点之一，就是跌水潭的存在，它是在跌水的下方，在河槽中掘蚀出的盆地。在某些情况下，跌水潭的深度可能近似于造成瀑布的陡崖高度。跌水潭最

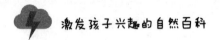

终造成陡崖坡面的坍塌和瀑布后退。

造成跌水的悬崖在水流的强力冲击下将不断坍塌，使瀑布向上游方向后退并降低高度，最终导致瀑布消失。以下是世界上三大瀑布。

1.尼亚加拉瀑布

尼亚加拉瀑布位于加拿大和美国交界的尼亚加拉河中段，号称世界七大奇景之一。以宏伟的气势，丰沛而浩瀚的水汽，震撼了所有的游人。"尼亚加拉瀑布"也直译作拉格科或尼加拉瓜瀑布，"尼亚加拉"在印第安语中意为"雷神之水"，印第安人认为瀑布的轰鸣是雷神说话的声音。在他们实际上见到瀑布之前，就听到酷似持续不断打雷的声音，故他们把其称为"巨大的水雷"。

尼亚加拉河的水流冲下悬崖至下游重新汇合，在不足2千米长的河段里以每小时35.4公里的速度跌宕而下15.8米的落差，演绎出世界上最狂野的漩涡急流。

2.维多利亚瀑布

维多利亚瀑布位于非洲赞比西河的中游，赞比亚与津巴布韦接壤处。瀑布宽1700余米，最高处108米，宽度和高度比尼亚加拉瀑布大一倍。年平均流量约935立方米/秒。

赞比西河抵瀑布之前，舒缓地流动，而瀑布落下时声如雷鸣，当地居民称为"莫西奥图尼亚"。维多利亚瀑布的水泻入一个峡谷，峡谷宽度为25～75米不等。

维多利亚瀑布实际上分为5段，它们是东瀑布、虹瀑布、魔鬼瀑布、新月形的马蹄瀑布和主瀑布。

3.伊瓜苏瀑布

伊瓜苏瀑布位于阿根廷和巴西边界上的伊瓜苏河。这是一个马蹄形瀑布，高82米，宽4千米，是尼亚加拉瀑布宽度的4倍，比维多利亚瀑布还要宽很多。悬崖边缘有许多树木丛生的岩石岛屿，使伊瓜苏河由此跌落时分作约275股急流或泻瀑，高度为60～82米。11月至次年3月的雨季中，瀑布最大流量可达12750立方米/秒，年平均约为1756立方米/秒。坐标为南纬25°41′，西经54°26′。

第03章
气象万千

　　生活中，我们每天见面与人打招呼时，都会把天气挂在嘴边，比如："今天天气真好啊""今天真热""又起风了"。的确，天气对我们生活的影响太大了，那么，生活中形形色色的气候，如风霜雨雪、冰雹、雷雨是怎么形成的呢？接下来，我们一起来看下本章的内容吧。

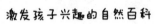 气候

在自然科学领域，有个很重要的名词——气候，气候指的是一个地区大气的多年平均状况，主要的气候要素包括光照、气温和降水等，其中降水是气候重要的一个要素。中国的气候类型有：热带季风气候，亚热带季风气候，温带季风气候，温带沙漠气候，高山高原气候。

气候是大气物理特征的长期平均状态，与天气不同，它具有一定的稳定性。根据世界气象组织的规定，一个标准气候计算时间为30年。气候以冷、暖、干、湿这些特征来衡量，通常由某一时期的平均值和离差值表征。

全世界的气候类型有以下几种。

1.热带雨林气候

分布规律：赤道两侧。

成因：常年受赤道低气压带控制，呈上升气流。

特点：全年高温多雨。

2.热带草原气候

分布规律：热带雨林气候的南北两侧，即南北纬5度至15度左右。

成因：受赤道低气压带和信风带交替控制。

特点：常年高温，有明显的干湿两季，受赤道低气压带控制时闷热多雨，受信风带控制时，干旱少雨。

3.热带沙漠气候

分布规律：大致在南北回归线附近（20度至30度）内陆或大陆西岸。

成因：常年受副热带高气压带和信风带控制。

特点：常年高温少雨、干旱。

4.热带季风气候

分布规律：南亚和东南亚（10度至25度大陆东岸）。

成因：巨大的海陆热力差异以及气压带和风带位置的季节移动。

特点：全年高温，有旱季和雨季。

5.地中海气候

分布规律：30度至40度大陆西岸（地中海最为典型）。

成因：夏季受副热带高气压控制，冬季受西风带控制。

特点：夏季干旱炎热，冬季温和湿润。

6.亚热带季风气候和亚热带湿润气候

分布规律：亚热带大陆东岸（25度至35度）。

成因：巨大的海陆热力差异。

特点：雨热同期，夏季炎热多雨，冬季温和少雨。

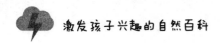

7.温带海洋性气候

分布规律：南北纬40度至60度大陆西岸。

成因：终年受西风带控制。

特点：夏无酷暑，冬无严寒，降水均匀，冬季稍多，气温年变化小。

8.温带大陆性气候

分布规律：亚欧大陆和北美大陆内陆地区（40度至60度）。

成因：远离海洋、受海洋影响小。

特点：干旱少雨、冬季严寒、夏季炎热、气温年变化大。

9.温带季风气候

分布规律：亚洲东部（35度至60度）。

成因：巨大的海陆热力差异。

特点：雨热同期、夏季暖热多雨、冬季寒冷干燥、气温年变化大。

10.亚寒带针叶林气候

分布规律：北纬50度至70度要在亚欧大陆和北美大陆的北部。

成因：纬度高。

特点：冬季严寒漫长，夏季温暖短促，降水较少集中在夏季。

11.极地气候

分布规律：北冰洋沿岸和南极洲。

成因：纬度高。

特点：全年皆冬、严寒少雨。

12.高原山地气候

分布规律：中低纬度的高原和山地。

成因：海拔高。

特点：气温要低于通纬度地区，气候垂直变化显著。

我国的降水主要是由东南季风带来的，东南季风为我国带来海洋的水汽，我国东南沿海地区会最先得到东南季风带来的水汽，形成丰富的降水，也就成为我国年降水量最为丰富的地区。西南季风也为我国带来降水，可影响到我国华南一带。当西南季风发展强盛时，也可深入长江流域。我国的南方热带和亚热带地区就是典型的雨热同期。

由于我国的降水主要是由东南季风带来海洋的水汽而形成，受夏季风的影响，降水自东南沿海向西北内陆逐渐减少。我国北方的西北地区由于深居内陆，距海遥远，成为我国年降水量最少的干旱地区。而我国北方的华北、东北地区相对于西北地区较近海洋，在每年7月下旬至8月上旬会进入全年中降水较多的雨季。从降水的季节分布状况来看，我国的南方地区属典型的雨热同期。我国北方的华北、东北等地区的降水主要集中在夏秋之交，虽降雨期短、降雨量少，但也是表现为"雨热同期"的气候特征。雨热同期是我国非常优越的气候资源，十分适宜农作物生长，是诞生农耕文明的重要条件。

风

日常生活中，我们几乎每天都能感受到风的存在，只是风的大小不同。风形成的原因有两个，即地球的转动以及地球表面受太阳加热程度的差别。

风的形成乃是空气流动的结果。风能的利用主要是将大气运动时所具有的动能转化为其他形式的能。风就是水平运动的空气，空气产生运动，主要是由于地球上各纬度所接受的太阳辐射强度不同而形成的。

风是由空气流动引起的一种自然现象，它是由太阳辐射热引起的。太阳光照射在地球表面上，使地表温度升高，地表的空气受热膨胀变轻而往上升。热空气上升后，低温的冷空气横向流入，上升的空气因逐渐冷却变重而降落，由于地表温度较高又会加热空气使之上升，这种空气的流动就产生了风。

从科学的角度来看，风常指空气的水平运动分量，包括方向和大小，即风向和风速；但对于飞行来说，还包括垂直运动分量，即所谓垂直或升降气流。大风可移动物体与物体（物质质量）方向。

由于风速大小、方向还有湿度等的不同，会产生许多类型的风。疾风、大风、烈风、狂风、暴风和飓风，这些常见类型的风，蒲福风级为7～12级。

风是一种自然能源，它能促使干冷和暖湿空气发生交换。很早以前，人类就学会制造风车，借风力吹动风车来抽水和加工粮食，现在人们还利用风车来发电。

风能使大范围的热量和水汽混合、均衡，调节空气的温度和湿度；能把云雨送到遥远的地方，使地球上的水分循环得以完成。

风是农业生产的环境因子之一。风速适度对改善农田环境条件起着重要作用。近地层热量交换、农田蒸散和空气中的二氧化碳、氧气等输送过程随着风速的增大而加快或加强。风可传播植物花粉、种子，帮助植物授粉和繁殖。风能是分布广泛、用之不竭的能源。中国盛行季风，对作物生长有利。在内蒙古高原、东北高原、东南沿海以及内陆高山，都具有丰富的风能资源可作为能源开发利用。

风对农业也会产生消极作用。它能传播病原体，蔓延植物病害。高空风是粘虫、稻飞虱、稻纵卷叶螟、飞蝗等害虫长距离迁飞的气象条件。大风使叶片机械擦伤、作物倒伏、树木断折、落花落果而影响产量。大风还造成土壤风蚀、沙丘移动，而毁坏农田。在干旱地区盲目垦荒，风将导致土地沙漠化。牧区的大风和暴风雪可吹散畜群，加重冻害。地方性风的某些特殊性质，也常造成风害。由海上吹来含盐分较多的海潮风，高温低温的焚风和干热风，都严重影响果树的开花、坐果和谷类作物的灌浆。防御风害，多采用培育矮化、抗倒伏、耐摩擦的抗风品种。营造防风林，设置风障等更是有效的防风方法。

风还可传播植物花粉、种子，帮助植物授粉和繁殖。但风也经常给人类带来灾害，暴风、台风、飓风会使农田淹没、房屋倒塌、水电中断。龙卷风能摧毁大面积建筑物，所过之处一片狼藉。而且风会带起沙尘，形成沙尘暴，危害人体，甚至会带动沙漠移动造成荒漠。

霜

我们发现，在寒冷季节的清晨，草叶上、土块上常常会覆盖着一层霜的结晶。它们在初升起的阳光照耀下闪闪发光，待太阳升高后就融化了。人们常常把这种现象叫"下霜"。

翻翻日历，每年10月下旬，总有"霜降"这个节气。我们看到过降雪，也看到过降雨，可是谁也没有看到过降霜。其实，霜并不是从天空降下来的，而是在近地面层的空气里形成的。

霜是一种白色的冰晶，多形成于夜间。少数情况下，在日落以前太阳斜照的时候也能开始形成。通常，日出后不久霜就融化了，但是在天气严寒的时候或者在背阴的地方，霜也能终日不消。

霜的形成和当时的天气条件有关。当物体表面的温度很低，而物体表面附近的空气温度却比较高，那么在空气和物体表面之间有一个温度差。如果物体表面与空气之间的温度差主要是由物体表面辐射冷却造成的，则在较暖的空气和较冷的物体表面相接触时空气就会冷却，达到水汽过饱和的时候，多余的水汽就会析出。如果温度在0℃以下，则多余的水汽就在物体表面上凝结为冰晶，这就是霜。因此，霜总是在有利于物体表面辐射冷却的天气条件下形成。

另外，霜大都出现在晴朗的夜晚，这是因为在我国四季分明的中纬度地区，深秋至第二年早春季节，正是冬季开始前和结束后的时间，夜间的气温一般能降到0℃以下。在晴朗的夜间，因为无云，地面热量散发很快，在前半夜由于地面白天储存热量较多，气温一般不易降到0摄氏度以下。特别是到了后半夜和黎明前，地面散发的热量很多，而获得大气辐射补偿的热量很少，气温下降很快，当气温下降到0℃以下时，近地面空气中的水汽附着在地面的土块、石块、树叶、草木、低房的瓦片等物体上，就凝结成了冰晶的白霜。因此，我国有"霜冻见晴天"的农谚。如果气温降到了0℃以下，而近地面缺少水汽，就凝结不成白霜了，但农作物仍受到了冻害，农民称此为"黑霜"。如夜间阴天多云，云的逆辐射作用能较多地不断补偿地面热量的损失，气温则不易降到0℃以下，因此就不会出现霜冻。

此外，风对于霜的形成也有影响。有微风的时候，空气缓慢地流过冷物体表面，不断地供应着水汽，有利于霜的形成。但是，风大的时候，由于空气流动得很快，接触冷物体表面的时间太短，同时风大的时候，上下层的空气容易互相混合，不利于温度降低，从而也会妨碍霜的形成。一般来说，当风速达到3级或3级以上时，霜就不容易形成了。

霜的形成也与地面物体的属性有关。霜是在辐射冷却的物体表面上形成的，所以物体表面越容易辐射散热并迅速冷却，在它上面就越容易形成霜。同类物体，在同样条件下，假如质量相同，其内部含有的热量也就相同。如果夜间它们同时辐射散热，那么，在同一时间内表面积较大的物体散热较多，冷却得较快，在它上面就更容易有霜形成。这就是说，一种物体，如果与其质量相比，表面积相对大的，那么在它上面就容易形成霜。草叶很轻，表面积却较大，所以草叶上就容易形成霜。另外，物体表面粗糙的，要比表面光滑的更有利于辐射散热，所以，在表面粗糙的物体上更容易形成霜，如土块。

霜的消失有两种方式：一是升华为水汽，二是融化成水。最常见的是

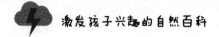

日出以后因温度升高而融化消失。霜所融化的水，对农作物有一定好处。

　　其实，霜本身对植物既没有害处，也没有益处。通常人们所说的"霜害"，实际上是在形成霜的同时产生的"冻害"。

雨

雨是最为常见的一种天气现象了，雨是从云中降落的水滴，陆地和海洋表面的水蒸发变成水蒸气，水蒸气上升到一定高度后遇冷变成小水滴，这些小水滴组成了云，它们在云里互相碰撞，合并成大水滴，当它大到空气托不住的时候，就会从云中落下来，形成雨。雨的成因多种多样，它的表现形态也各具特色，有毛毛细雨，有连绵不断的阴雨，还有倾盆而下的阵雨。雨水是人类生活中最重要的淡水资源，植物也要靠雨露的滋润茁壮成长，但暴雨造成的洪水也会给人类带来巨大的灾难。

在受到太阳光的照射后，位于地表的水会变成水蒸气上升，然后蒸发到空中，水汽在高空中遇冷再次凝聚成水滴。这些小水滴都很小，直径只有0.01~0.02毫米，因为它们又小又轻，空气中的上升气流很容易将它们送入空中，随后，这些小水滴就在空中形成了云。

如果这些小水滴要变成雨滴落下来，那么，它最起码要让自身的体积变大100多万倍。这些小水滴是怎样使自己的体积增长到100多万倍的呢？它主要依靠两个手段：第一种手段是凝结和凝华增大；第二种手段是借助云滴的碰撞后增大体积。在雨滴形成的初期，云滴主要依靠不断吸收云体四周的水汽来使自己凝结和凝华。如果云体内的水汽能源源不断得到供应和补充，云滴表面因为喝饱了"水"，将会继续进行凝结，这样，云滴不断增大，最后就形成了雨滴。

不过，还有一种情况，如果云内的水汽含量不足，云滴吸收到的水汽不足，这样就不可能使每个云滴都增大为较大的雨滴，有些较小的云滴只好归并到较大的云滴中去。

如果云内同时出现水滴和水晶，那么凝结和凝华增大过程将大大加快。当云中的云滴增大到一定程度时，由于大云滴的体积和重量不断增加，它们的下降速度不仅能赶上那些降落较慢的小云滴，而且会将更多的小云滴"吸纳"进去而使自己壮大起来。当大云滴越长越大，最后大到空气再也托不住它时，便从云中直落到地面，成为我们常见的雨水。

1.对流雨

当空气强烈受热时，湿热空气膨胀上升，空气中的水汽冷却凝结形成的降雨就叫作对流雨。赤道地区全年以对流雨为主，我国的对流雨多见于夏季的午后。

2.地形雨

地形雨是因潮湿的空气前进时，受到山地阻挡，被迫沿着山坡爬升。在上升过程中，空气中的水冷却凝结形成降水。多发生在高山的迎风坡。

3.锋面雨

两种性质不同的气流相遇，它们中间的交界面叫锋面。在锋面上，暖、湿、较轻的空气被抬升到冷、干、较重的空气上面。在抬升的过程中，空气中的水汽冷却凝结，形成的降水叫锋面雨。多在我国东部地区。

4.台风雨

台风、热带风暴及飓风所引起的大到暴雨。

　　总之，雨是地球不可缺少的一部分，是几乎所有的远离河流的陆生植物补给淡水的唯一方法，雨可以灌溉农作物，利于植树造林，能够减少空气中的灰尘，能够降低气温，下雨利于水库蓄水，可以补充地下水，还可以补充河流水量利于发电和航运。

　　当然，如果持续性降雨，且雨水量过大，就有可能造成洪涝等一系列灾害，对人类的生活、生产造成不利影响。

 ## 雷电

雷电是生活中常见的一种天气现象，下雨时，天上的云有的是正极，有的是负极，两种云碰到一起时，就会发出闪电，同时又放出很大的热量，使周围的空气受热膨胀。瞬间被加热膨胀的空气会推挤周围的空气，引发出强烈的爆炸式震动，这就是打雷声。

打雷闪电是一件非常危险的事儿，遇到这样极端的天气状况，大家最好提神注意一些。下面给大家讲讲打雷闪电天气要注意什么吧。以下是有关专家对防雷电的知识介绍。

要有安全意识，打雷时，要尽量避免室外活动，可以就近寻求避雨的地方，如屋檐下、山洞里、棚屋下、岗亭等无防雷设施的低矮建筑物。不宜进入金属车箱内躲雷雨，也不宜躲在树下。

注意地形地貌，尽可能避开山顶、水面或者一些水陆结合的地方，在我国江南水乡，被雷电击中造成生命威胁的事件频繁发生，每年的多雷雨时节，旅游者遇上雷雨天气时，一定要注意远离山顶或其他制高点；如果在森林中，注意选择周围是林木、中间是空地的地方避雷；一般进入山洞比较安全，但不要倚靠在石洞门口。

在野外也可以凭借较高大的树木防雷，但千万记住要离开树干、树叶至少两米的距离。依此类推，如电线杆、烟囱下、金属物体旁等都不宜逗留。此外，站在屋檐下也是不安全的，最好马上进入建筑物内。

如果打雷下雨天在屋外行走，要尽可能地消除安全隐患。不要撑金属伞柄的雨伞在雨中行走，不要接触铁轨、电线。不能在雷雨中跑动，也不宜骑自行车，更不能骑摩托车。同时，在居民区行走和避雨时，要尽可能远离建筑物外露的水管、煤气管等金属物体及电力设备。

一旦发生或即将发生雷击时，一定要采取紧急措施。发生雷击时，身体会出现头、颈、手处如有蚂蚁爬走感，头发竖起的情况，此时，应赶紧趴在地上，并扔掉身上佩戴的金属饰品等，这样可以减少遭雷击的危险。如果看见闪电几秒内就听见雷声，说明自己已处于近雷暴的危险地带，此时应停止行走，两脚并拢并立即下蹲，不要与人拉在一起，最好使用塑料雨具、雨衣等。

在两次雷击之间一分钟左右的间隙，应尽可能躲到能够防护的地方去。不具备上述条件时，应立即双膝下蹲，向前弯曲，双手抱膝。

雷雨中若手中持有金属雨伞、高尔夫球棍、斧头等物，一定要扔掉或让这些物体低于人体。还有一些所谓的绝缘体，像锄头等物，在雷雨天气

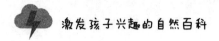

中其实并不绝缘。

　　雷雨天停打手机。专家提醒，现在上网和打手机的人很多，如果遇到雷雨天气一定要注意。雷雨天时不要上网，不要使用调制解调器或ADSL设备，最好把计算机的电源插座拔掉，另外应确保计算机有良好的接地。家用电器最好装上避雷器，不要把裸露金属线从室外拉到室内。

云

我们对云并不陌生，天空晴朗时白白的，阴雨天时黑黑的，它们让天空变化莫测。人们常常看到天空有时碧空无云，有时白云朵朵，有时又是乌云密布。为什么天上有时有云，有时又没有云呢？云究竟是怎样形成的呢？它又是由什么组成的？

漂浮在天空中的云是由许多细小的水滴或冰晶组成的，有的是由小水滴或小冰晶混合在一起组成的。有时也包含一些较大的雨滴及冰、雪粒，云的底部不接触地面，并有一定厚度。

云的形成主要是由水汽凝结造成的。从地面向上十几千米这层大气中，越靠近地面，温度越高，空气也越稠密；越往高空，温度越低，空气也越稀薄。

江河湖海的水面，以及土壤和动、植物的水分，随时蒸发到空中变成水汽。水汽进入大气后，成云致雨，或凝聚为霜露，然后又返回地面，渗入土壤或流入江河湖海。以后又再蒸发（汽化），再凝结（凝华）下降。周而复始，循环不已。

水汽从蒸发表面进入低层大气后，这里的温度高，所容纳的水汽较多，如果这些湿热的空气被抬升，温度就会逐渐降低，到了一定高度，空气中的水汽就会达到饱和。如果空气继续被抬升，就会有多余的水汽析出。如果那里的温度高于0℃，则多余的水汽就凝结成小水滴；如果温度低于0℃，则多余的水汽就凝华为小冰晶。在这些小水滴和小冰晶逐渐增多并达到人眼能辨认的程度时，就是云了。

云是大气中的水蒸气遇冷液化成的小水滴或凝华成的小冰晶，所混合组成的漂浮在空中的可见聚合物。

在中国有句古话："看云识天气。"的确，云是天气的晴雨表，而且，在民间，有一些专门总结"看云识天气"的谚语，总结如下：

"朝霞不出门，晚霞行千里"。早晨东方无云，西方有云，阳光照到云上散射出彩霞，表明空中水汽充沛或有阴雨系统袭来，加上白天空气一般不大稳定，天气将会转阴雨；傍晚如出晚霞，表明西边天空已放晴，加上晚上一般对流减弱，形成彩霞的东方云层，将更向东方移动或趋于消散，预示着天晴。

"天上钩钩云，地上雨淋淋"。钩钩云指钩卷云，这种云的后面常有锋面（特别是暖锋）、低压或低压槽移来，预兆着阴雨将临。

"太阳现一现，三天不见面"。指春、夏时节，雨天的中午，云层裂开，太阳露一露脸，但云层又很快聚合变厚，这表明本地正处在准静止锋影响下，准静止锋附近气流升降强烈、多变。上升气流增强时，云层变厚，降雨增大；上升气流减弱时，云层变薄，降雨减小或停止；中午前后，太阳照射强烈，云层上部受热蒸发，或云层下面上升气流减弱，天顶处的云层就会裂开。随着太阳照射减弱，或云层下部上升气流加强，裂开的云层又重新聚拢变厚。因此，"太阳现一现"常预示继续阴雨。这句谚语和"太阳笑，淋破庙""亮一亮，下一丈"等谚语类同。

另外，有天气预兆的云在演变过程中，往往具有一定的连续性、季节性和地方性。当天空中的云按照卷云、卷层云、高层云、雨层云这样的次序从远处连续移来，而且逐渐由少变多，由高变低，由薄变厚时，就预兆很快会有阴雨天气到来；相反，如果云由低变高、由厚变薄、由成层而崩裂为零散状的云时，就不会有阴雨天气。在暖季早晨，天空如出现底平、顶凸、孤立的云块（淡积云），或移动较快的白色碎云（碎积云），表明中低空气层比较稳定，天气晴好。

　　此外，云的颜色也可预兆一定的天气，如冰雹云的颜色先是顶白底黑，而后云中出现红色，形成白、黑、红色乱绞的云丝，云边呈土黄色。黑色是阳光透不过云体所造成的；白色是云体对阳光无选择散射或反射的结果；红黄色是云中某些云滴（直径在1‰～1%毫米）对阳光进行选择散射的现象。有时雨云也呈现淡黄色，但云色均匀，不乱翻腾。还有不少谚语是从云色和云形来预测冰雹。例如，内蒙古有"不怕云里黑，就怕云里黑夹红，最怕黄云下面长白虫"等谚语，山西有"黄云翻，冰雹天；乱搅云，雹成群；云打架，雹要下""黑云黄云土红云，反来复去乱搅云，多

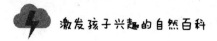
有雹子灾严重"等谚语。还有"午后黑云滚成团，风雨冰雹一齐来""天黄闷热乌云翻，天河水吼防冰蛋"等说法，这些都说明当空气对流强盛，云块发展迅猛，像浓烟一股股地直往上冲，云层上下前后翻滚时，就容易下冰雹。

雪

雪是人们最常见的固态降水现象。它是从云中降落的具有六角形白色结晶的固态降水物。它常发生在冬半年，是我国北方冬季主要降水。

雪，是白色不透明的六出分枝的星状，六角形片状或柱状结晶的固态降水。降水强度变化较缓慢。在不太冷的天气里，常成团（似棉絮状）降落。通常根据距离和降水强度可将雪分为小雪、中雪和大雪。

我国气象上规定，下雪时，水平能见距离在1000米或以上、24小时内雪量小于或等于2.5毫米的为小雪。水平能见距离在500～1000米、24小时内雪量为2.5～5.0毫米的为中雪。水平能见距离小于500米、24小时内雪量大于5毫米的为大雪。

阵雪，指降雪时间短促、强度变化很大、开始和终止都较突然的雪。

雪主要产生于温度在0℃以下的云中，其形成过程与雨相似。但是，自云底至地面的空气温度需在0℃或以下。

雪的产生与大范围的冷暖空气的交缓有关。当冷暖空气势均力敌，且空气温度较大时，往往形成雨夹雪。这样，降雪时间较长，就有"雨夹雪，落勿歇"等说法。当冷空气势力较强，地面气温下降到0℃或以下时，往往形成冷空气势力较强，地下气温下降到0℃或以下时，往往形成雪。此时，暖空气南撤，天气转晴，就明"落雪见晴天"等说法。当冷空气势很强，一般雪下得较大，暖空气迅速南撤，天气很快转晴，并且持续时间长，就有"大落大晴，小落小晴"的说法。

此外，降冬季节田野上气温很低，天气很干，不利于作物越冬。初春时节，正值越冬作物返青，下雪会冻伤作物，影响收成。因此，就有"冬季雪满天，来岁是丰年""冬雪是个宝，春雪是把刀"等说法。

雪花是一种美丽的结晶体，它在飘落过程中成团地攀联在一起，就形成雪片。单个雪花的大小通常在0.05～4.6毫米。雪花很轻，单个的重量只有0.2～0.5克。无论雪花怎样轻小，怎样奇妙万千，它的结晶都是有规律的六角形，所以古人有"草木之花多五出，独雪花六出"的说法。

雪花的形状与它形成时的水气条件有密切关系。如果云中水气不太丰富，只有冰晶的面上达到过饱和，凝华增长成柱状或针状雪晶；如果水气稍多，冰晶边上也达到过饱和，凝华增长成为片状雪晶；如果云中水气非常丰富，冰晶的面上、边上、角上都达到过饱和，其尖角突出，得到水气最充分，凝华增长得最快，因此大都形成星状或枝状雪晶。

我们常见的雪是白色的，但有时也会出现红雪、黄雪、黑雪、绿雪、褐雪等彩雪，它们都是在特殊的环境和条件下形成的。例如，在那些终年冰封的永久性冰雪地带，生长着大量含有红色素的藻类，白雪就被红藻沾染而成红雪；绿雪常见于北极、西伯利亚和阿尔卑斯山等地，它主要是由绿藻类的雪生衣藻和雪生针联藻的大量繁殖而形成的；在我国天山东段与沙漠相邻的地区，有时会出现因夹着黄色尘土而使白雪变黄的黄雪。

"瑞雪兆丰年"是我国广为流传的农谚。在北方，一层厚厚而疏松的积雪，像给小麦盖了一床御寒的棉被。雪中所含的氮素，易被农作物吸收利用。雪水温度低，能冻死地表层越冬的害虫，也给农业生产带来好处。所以又有一句农谚"今冬麦盖三层被，来年枕着馒头睡。"

雪的作用很广，对人类有很大的好处，它有利于农作物的生长发育。因雪的导热本领很差，土壤表面盖上一层雪被，可以减少土壤热量的外传，阻挡雪面上寒气的侵入，所以，受雪保护的庄稼可安全越冬。积雪还能为农作物储蓄水分。此外，雪还能增强土壤肥力。据测定，每1升雪水里，约含氮化物7.5克。雪水渗入土壤，就等于施了一次氮肥。用雪水喂养家畜家禽、灌溉庄稼都可收到明显的效益。

雪对人有利也有害处，在三四月的仲春季节，如突然因寒潮侵袭而下了大雪，就会造成冻寒。所以农谚说："腊雪是宝，春雪不好。"

 冰雹

冰雹也叫"雹"，俗称"雹子"，有的地区叫"冷子"（如徐州，甘肃等地），是一种天气现象，冰雹是从积雨云中降落下来的一种固态降水，夏季或春夏之交最为常见。它是一些小如绿豆、黄豆，大似栗子、鸡蛋的冰粒。

当地表的水被太阳曝晒汽化，然后上升到了空中，许多的水蒸气在一起，凝聚成云，此时相对湿度为100%，当遇到冷空气则液化，以空气中的尘埃为凝结核，形成雨滴（热带雨）或冰晶（中纬度雨），越来越大，当气温降到一定程度时，空气的水汽过饱和，于是就下雨了，要是遇到冷空气而没有凝结核，水蒸气就凝结成冰或雪，就是下雪了，如果温度急剧下降，就会结成较大的冰团，也就是冰雹。

冰雹是在对流云中形成的，当水汽随气流上升遇冷会凝结成小水滴，若随着高度增加温度继续降低，达到0℃以下时，水滴就凝结成冰粒，在它上升运动过程中，并会吸附其周围小冰粒或水滴而长大，直到其重量无法为上升气流所承载时即往下降，当其降落至较高温度区时，其表面会融解成水，同时也会吸附周围的小水滴，此时若又遇强大的上升气流再被抬升，其表面则又凝结成冰，如此反复进行像滚雪球般其体积越来越大，直到它的重量大于空气之浮力，即往下降落，若达地面时未融解成水仍呈固态冰粒者称为冰雹，如融解成水就是我们平常所见的雨。

中国各地每年都会受到不同程度的雹灾。尤其是北方的山区及丘陵地区，青藏高原东部，云贵一带，地形复杂，天气多变，冰雹多，受害重，对农业危害很大。猛烈的冰雹打毁庄稼，损坏房屋，人被砸伤、牲畜被砸死的情况也常常发生；特大的冰雹甚至比柚子还大，会致人死亡、毁坏大片农田和树木、摧毁建筑物和车辆等，具有强大的杀伤力。雹灾是中国严重的自然灾害之一。

人们在生活中已逐渐认识到，森林覆盖率大的地区雹灾较少。那么，为什么林区的降雹次数要比无林地区少呢？

众所周知，冰雹常见于暖季，它是在旺盛的积雨云中孕育形成的。形成积雨云的原因有很多，其中最重要的一种原因是夏季有强烈的空气对流作用。

林区下垫面的构造特性不同于无林地区。林区的下垫面是茂密的森林，庞大的森林生态系统有效地调节着林区气温的日变化和年变化。

在炎热的夏季，森林可以帮助降低气温。森林犹如一把庞大的"遮阳伞"，在树冠层的遮蔽下，林地得到的太阳直接辐射很少，地面增温也很小。同时，林地含水量多，比较潮湿，土壤的比热容大，地面的增温也比旷野要小。夏季又是林木蒸腾作用最旺盛的季节，森林本身的蒸腾作用也消耗了大量的热量。受林地热状况和树木消耗热量的影响，林区夏季气温总是比毗邻旷野低。气象观测表明，夏季林区日平均气温比旷野低2~3℃。林区空气热力上升作用弱，不易形成强烈的局地对流天气过程，也就不易形成旺盛的积雨云。所以，林区冰雹比无林地区少。

 **雷阵雨**

在中国，雷雨大多发生在5～8月温高湿重的天气中。在春、秋两季主要发生在江南地区，冬季最少，十月以后，长江以北广大地区出现雷阵雨天气。从一天内来看，多发生在下午和傍晚。

春天，人们多在睡梦正酣的半夜到早晨被隆隆的雷声惊醒，即为"春雷惊梦"。夏天，在睡梦中是很少听到雷声的，因为夏季雷阵雨大多发生在午后到傍晚。那么为什么春夏季节雷阵雨在一天中的发生时间不同呢？

雷阵雨是在潮湿空气发生强烈对流运动的情况下产生的，它的发生与大气的稳定度有着极为密切的关系。

夏天，在晴天风小的日子里，地面受到强烈的阳光照射，把近地面的空气加热，越接近地面气温升得越高，午后是地面气温升得最高的时候，也是大气在一天中最不稳定的时期，因此强对流运动的发展在这时候最为迅速。如果这时空气非常潮湿，水汽丰富，那么，这一天午后到傍晚就会出现雷阵雨。这种由地面强烈受热形成的雷阵雨，称为热雷雨。而半夜到早晨，地面气温降得最低，大气趋向稳定，所以热雷雨不易形成。

春天雷阵雨的发生情况不同于夏天。夏天热雷雨多在同一暖气团情况下产生，雷雨发生前一天天气是晴朗的，而春雷大多发生在冷暖气团交锋的地带。当南北两股冷暖气团交锋时，暖湿空气爬在冷空气背上，大量水汽被凝结出来，使天空阴云密布，连日下雨，地面上终日不见阳光，从而使白天气温不能升得很高，夜晚气温不能降得很低，气温的日变化很小。但在高空云层的顶部，白天仍受到太阳光照射，那里的气温日变化相对变大了。

白天云层被阳光晒得很热，温度容易升高，大气头部变轻了，稳定度增加，形成雷阵雨的可能性变小；而到了夜间，云顶向太空散热，云层上部的温度下降，特别是半夜到早晨，是一天中温度下降得最低的时候，大气的头部变重，趋向不稳定，这种云层内便发展起对流运动，形成打雷闪电、暴雨滂沱的雷雨云。这就是春雷多在半夜到早晨出现的道理。

另外，当春夏之际雷阵雨来临时，我们最好要注意：

（1）雷雨闪电时，不要拨打接听电话，应拔掉电话线插头。手机可以正常使用。但是一般尽量不要在户外，或室内靠近窗户的位置接打手机。

（2）雷雨闪电时，不要开电视机、计算机、VCD机等，应拔掉一切电源插头，以免伤人及损坏电器。

（3）不要站在电灯泡下，不要冲凉洗澡。

（4）尽量不要出门，若必须外出，最好穿胶鞋，披雨衣，可起到对雷电的绝缘作用。

（5）尽量不要开门、开窗，防止雷电直击室内。

（6）乘坐汽车等遇到打雷闪电，不要将头手伸出窗外。

（7）在雷阵雨较大时要远离树木，尽量不要大跨步跑动，可以选择建筑物躲雨。也可以车内避雨，因为车属于金属外壳。

（8）不要把晾晒衣服被褥的铁丝，拉接到窗户及门上。

（9）不要穿戴湿的衣服、帽子、鞋子等在大雷雨下走动。对突来雷电，应立即下蹲降低自己的高度，同时将双脚并拢，以减少跨步电压带来的危害。

（10）闪电打雷时，不要接近一切电力设施，如高压电线变压电器等。

（11）立即停止室外游泳、划船、钓鱼等水上活动。

（12）如多人聚集室外，勿相互挤靠，防止被雷击中后电源互相传导。

 **彩虹**

在很多孩子的印象里，彩虹是美丽与梦幻的象征，很多孩子会产生疑问，彩虹是怎么产生的呢？这里，我们要从太阳光的折射问题说起，彩虹是因为阳光射到空中接近圆形的小水滴，造成光的色散及反射而成的。阳光射入水滴时会同时以不同角度入射，在水滴内也是以不同的角度反射。当中以40°～42°的反射最为强烈，形成人们所见到的彩虹。

其实，空气中有水滴，而阳光正在观察者的背后以低角度照射，便可能产生可以观察到的彩虹现象。彩虹最常在下午，雨后刚转天晴时出现。这时空气内尘埃少而充满小水滴，天空的一边因为仍有雨云而较暗。而观察者头上或背后已没有云的遮挡而可见阳光，这样彩虹便会较容易被看到。虹的出现与当时天气变化相联系，一般人们从虹出现在天空中的位置可以推测当时将出现晴天或雨天。东方出现虹时，本地是不大容易下雨的，而西方出现虹时，本地下雨的可能性却很大。

彩虹的明显程度，取决于空气中小水滴的大小，小水滴体积越大，形成的彩虹越鲜亮，小水滴体积越小，形成的彩虹就不明显。一般冬天的气温较低，在空中不容易存在小水滴，下雨的机会也少，所以冬天一般不会有彩虹出现。

事实上如果条件合适的话，可以看到整圈圆形的彩虹如峨眉山的佛光。形成这种反射时，阳光进入水滴，先折射一次，然后在水滴的背面反射，离开水滴时再折射一次，最后射向人们的眼睛。

光穿越水滴时弯曲的程度，视光的波长（即颜色）而定。红色光的弯曲度最大，橙色光与黄色光次之，依此类推，弯曲最少的是紫色光。

因为水对光有色散的作用，不同波长的光的折射率有所不同，蓝光的折射角度比红光大。由于光在水滴内被反射，所以观察者看见的光谱是倒过来的，红光在最上方，其他颜色在下。

每种颜色各有特定的弯曲角度，阳光中的红色光，折射的角度是42°，蓝色光的折射角度只有40°，所以每种颜色在天空中出现的位置都不同。

若用一条假想线，连接后脑勺和太阳，那么与这条线呈42°夹角的地方就是红色所在的位置。这些不同的位置勾勒出一个弧。既然蓝色与假想线只呈40°夹角，所以彩虹上的蓝弧总是在红色的下面。

另外，你可能不知道的是，其实彩虹并不像人们想象的那样是半圆形的，而是一个完整的圆。也就是说，彩虹并没有起点，也没有终点。彩虹的圆心就是太阳与地球的垂直连线的中点，人们看到的彩虹只是彩虹的一部分，而剩余的部分在地平线下。这也能够解释，为什么有些彩虹很短，而有些彩虹却是一个完整的半圆。当彩虹呈现完整的半圆时，太阳恰好在地平线上，这时彩虹的圆心正好位于观察者的前方地平线上。当太阳高悬于天空上时，彩虹的圆心位于地平线下，这时人们只能看到很少的一段彩虹。

 **雾霾**

雾霾是雾和霾的组合词。因为空气质量的恶化，阴霾天气现象出现增多，危害加重。中国不少地区把阴霾天气现象并入雾一起作为灾害性天气预警预报。统称为"雾霾天气"。

雾和霾相同之处都是视程障碍物。但雾与霾的形成原因和条件却有很大的差别。雾是指大气中因悬浮的水汽凝结，能见度低于1千米时的天气现象；而灰霾的形成主要是空气中悬浮的大量微粒和气象条件共同作用的结果，其成因有三：

一是在水平方向静风现象增多。城市里大楼越建越高，阻挡和摩擦作用使风流经城区时明显减弱。静风现象增多，不利于大气中悬浮微粒的扩散稀释，容易在城区和近郊区周边积累。

二是垂直方向上出现逆温。逆温层好比一个锅盖覆盖在城市上空，这种高空的气温比低空气温更高，使大气层低空的空气垂直运动受到限制，空气中悬浮微粒难以向高空飘散而被阻滞在低空和近地面。

三是空气中悬浮颗粒物的增加。随着城市人口的增长和工业发展、机动车辆猛增，污染物排放和悬浮物大量增加，直接导致了能见度降低。

实际上，家庭装修中也会产生粉尘"雾霾"，室内粉尘弥漫，不仅有害于工人与用户健康，增添清洁负担，粉尘严重时，还给装修工程带来诸多隐患。

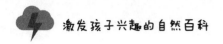

随着空气质量的恶化，阴霾天气现象出现增多，危害加重。中国不少地区把阴霾天气现象并入雾一起作为灾害性天气预警预报。

对于雾霾，我们需要做好自我防护。

1.雾霾天气少开窗

雾霾天气不主张早晚开窗通风，最好等太阳出来再开窗通风。

2.外出戴口罩

如果外出戴上口罩，这样可以有效防止粉尘颗粒进入体内。口罩以棉质口罩最好，因为一些人对无纺布过敏，而棉质口罩一般人都不过敏，而且易清洗。外出归来，应立即清洗面部及裸露的肌肤。

3.多喝桐桔梗茶

桐桔梗茶有清火滤肺尘功能，可以有效地协助人体排出体内积聚的PM2.5颗粒物及其他有害物质。

4.适量补充维生素D

冬季雾多、日照少，由于紫外线照射不足，人体内维生素D生成不足，有些人还会产生精神懒散、情绪低落等现象，必要时可补充一些维生素D。

5.饮食清淡多喝水

雾天的饮食宜选择清淡易消化且富含维生素的食物，多饮水，多吃新鲜蔬菜和水果，这样不仅可补充各种维生素和无机盐，还能起到润肺除燥、祛痰止咳、健脾补肾的作用。少吃刺激性食物，多吃些梨、枇杷、橙子、橘子等清肺化痰食品。

6.深层清洁

人体表面的皮肤直接与外界空气接触，很容易受到雾霾天气的伤害。尤其是在繁华喧嚣被雾霾笼罩的都市中，除了随时要应对雾霾对肌肤的伤害外，由于建筑施工、汽车尾气、工业燃料燃烧、燃放烟花爆烛等原因造成悬浮颗粒物多，难免会堵塞在毛孔中形成黑头，造成毛孔阻塞、角质堆积、肌肤起皮等肌肤问题，所以自我保护的首要措施就是深层清洁肌肤表层，清洁毛孔。

天气预报

　　天气预报是根据气象观（探）测资料，应用天气学、动力学、统计学的原理和方法，对某区域或某地点未来一定时段的天气状况作出定性或定量的预测。准确地预报天气一直是大气科学研究的一个重要目标。天气预报的历史可以从最早的看云识天气和根据物像来推测天气开始，以后经历了单站预报，天气图预报，到目前的应用气象卫星、天气雷达等先进的探测资料和用计算机进行天气预报的阶段。随着科技的不断进步，天气预报得到了快速的发展。

　　天气预报的种类按预报时效可大致分为：长期预报（10天以上）、中期预报（3～10天）、短期预报（12～48小时）、甚短期预报（2～12小时）、临近预报（1～2小时）等。

　　按服务对象可划分为：日常天气预报和专业天气预报（如航空天气预报等）。

　　按预报范围可大致划分为区域预报和站点预报等。由于服务对象不同，在预报项目、预报时效、预报用语等方面都存在着一定的差异。

　　目前制作天气预报主要采用天气学预报方法、动力学预报方法和统计学预报方法，以及由这3种基本预报方法相互结合形成的天气统计预报方法、动力统计预报方法和天气动力预报方法等。

1.天气学预报方法（或称天气图方法）

是以天气图为主要工具，配合卫星云图、雷达图等，用天气学的原理来分析和研究天气的变化规律，从而制作天气预报的方法。这种方法主要用于制作短期预报。

2.动力学预报方法（又称数值预报方法）

是利用大型、快速的电子计算机求解，描述大气运动的动力学方程组来制作天气预报的方法。这种方法可用于制作短期预报，也可做中、长期预报。近几年还开始用来做气候预报。

3.统计预报方法

是采用大量的、长期的气象观测资料，根据概率统计学的原理，寻找出天气变化的统计规律，建立天气变化的统计学模型来制作天气预报的方法。这种方法主要用于制作中、长期预报和气象要素预报。

这3种制作天气预报方法的主导思想不一样。天气现象（或天气过程）的发生，包含着必然性和偶然性，统计预报方法是从天气现象（或天气过程）具有偶然性这一点出发，认为天气变化是一种随机过程，在相同条件下不一定出现同样的天气变化，只能求出某种天气出现的可能性或概率。天气学方法和数值预报方法则从天气现象（或天气过程）具有必然性这一点出发，认为天气变化不是随机的，它满足一定的规律（如动量守衡、能量守衡、质量守衡等），在相同的条件下应该发生相同的变化，根据大气某一时刻的状态，可以推算出其下一时刻的确定的状态。

目前制作天气预报常常是将这3种方法配合起来使用，将天气图、卫星和雷达图像、动力分析和统计分析、数值预报产品等进行综合分析，最后做出天气预报。

第04章
动物世界

在我们的地球上，生活着很多动物，从远古时代的恐龙到我们生活中常见的鸟类和昆虫，动物的种类繁多，是自然环境中的重要组成部分。那么，这些动物都有着怎样的外形特点，又是怎么生活的呢？带着这样的疑问，我们来看看本章的内容。

 **恐龙**

对于小朋友来说，恐龙是一个经常被提及的名字。的确，恐龙是一个古老又永不失新鲜的话题。早在发现禽龙之前，欧洲人就已经知道地下埋藏有许多奇形怪状的巨大骨骼化石。直到古生物学家曼特尔发现了禽龙并与鬣蜥进行了对比，科学界才初步认定这是一群类似于蜥蜴的早已灭绝的爬行动物。

恐龙是出现在中生代时期的（约2.3亿年前）一类爬行动物的统称。矫健的四肢、长长的尾巴和庞大的身躯是大多数恐龙的写照。它们主要栖息于湖岸平原（或海岸平原）上的森林地或开阔地带。

恐龙的种类很多，科学家们根据它们骨胳化石的形状，把它们分成两大类，一类叫作鸟龙类，另一类叫作蜥龙类。根据它们的牙齿化石，还可以推断出是食肉类还是食草类。这只是大概的分类，根据恐龙骨胳化石的复原情况，我们发现，其实恐龙不仅种类很多，它们的形状更是无奇不有。这些恐龙有在天上飞的、有在水里游的、有在陆上爬的。

恐龙是中生代的多样化优势脊椎动物，支配全球陆地生态系超过1亿6千万年之久。恐龙最早出现在2亿3千万年前的三叠纪，灭亡于约6500万年前的白垩纪晚期所发生的白垩纪末灭绝事件。

恐龙的起源是由爬行虫类进化成鱼类。恐龙的发展是为了适应陆地，长出了前肢和长尾。恐龙的灭绝有很多种说法，大致是行星撞击地球、后代延续不下去和火山爆发等。

1.起源

恐龙是脊椎类爬行动物，在大约5亿7000万至2亿4800万年前，柔软无骨的生物演变出具有体内骨架的鱼类；鱼类经过演变又变成了可以在陆地上行走的两生类，再演变出爬行类。爬行类的其中一种再经过演变成了恐龙的雏形，最早的恐龙大约生活于距今约2亿3千万年前，曾产于"中生代"的陆上沼泽，中颈尾皆长，后肢比前肢长，有尾，且能直立行走。

2.发展

两生的早期类型的恐龙雏形，我们称为初龙，它们能在陆地和水中同时生存，与恐龙有着可靠的亲缘关系。最具代表性的初龙就是植龙，但是后来因为天气越来越干旱，水中的恐龙不得不来到岸上，在岸上因为前肢短后肢长的缘故，走起路来一瘸一拐的，它们便改为用后肢行走了。走路姿态的改变导致了速度的变化，这是恐龙进化过程中极为关键的一步。不过，当时因为身体条件不完善，还不太适应陆地的生活，它们更多的时间还是在水中生活，而当它们的身体机能真正达到完成后，真正的恐龙就形成了！

据说，恐龙的祖先是一种小型的初龙名叫"派克鳄"。体长约60～100厘米，源于更早的半水生动物，它们有着极为笨重的尾巴，腿很长，久而久之，派克鳄进化成了恐龙。

3.灭绝

行星撞击理论：铱在地球上含量很少，但在白垩纪的沉积物中发现了丰富含量，使人猜想乃行星撞击所留下。

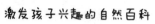

哺乳类动物的出现： 到了白垩纪末期，素食恐龙被肉食恐龙吃尽之后，只好相互残杀，同时小型哺乳类动物也因为过度饥荒而盗取恐龙的蛋，并借此为生，恐龙的后代受到严重威胁。

火山爆发理论： 白垩纪末期火山频密活动带来慢性灾害，大量的火山灰喷发出来，经常把成群的古生物淹没，大气层逐渐昏暗，植物枯萎，动物也相互猎杀而同归灭亡。

 **无脊椎动物**

　　无脊椎动物，顾名思义就是背侧没有脊柱的动物，它们是动物的原始形式。其种类占动物总种类数的95%。分布于世界各地，现存100余万种。包括原生动物、棘皮动物、软体动物、扁形动物、环节动物、腔肠动物、节肢动物、线形动物等。

　　无脊椎动物是动物学的一个分支学科。在动物分类中，根据动物身体中有没有脊椎骨而分成脊椎动物和无脊椎动物两大类。研究无脊椎动物的分类、形态、生理特点、地理分布、繁殖、进化等的科学，叫作无脊椎动物学。无脊椎动物学中包括：原生动物学、蠕虫学、昆虫学、软体动物学、甲壳动物学等。

　　大多数情况下，软体动物的体积都很小，不过也有软体动物门头足纲。大王乌贼体长可达18米，腕长11米，体重约2吨。无脊椎动物多数水生，大部分海产，如有孔虫、放射虫、钵水母、珊瑚虫、乌贼及棘皮动物等，全部为海产，也有一些无脊椎动物生活于淡水中，常见的有水螅、一些螺类、蚌类及淡水虾蟹等。蜗牛、鼠妇等则生活于潮湿的陆地，而蜘蛛、多足类、昆虫这些无脊椎动物则是陆生动物，无脊椎动物大多自由生活。在水生的种类中，体小的营浮游生活；身体具外壳的或在水底爬行（如虾、蟹），或埋栖于水底泥沙中（如沙蚕类），或固着在水中外物上（如藤壶、牡蛎等）。无脊椎动物也有不少寄生的种类，寄生于其他动物、植物体表或体内（如寄生原虫、吸虫、绦虫、棘头虫等）。有些种类如蛔蛔虫和猪蛔虫等则可能会给人类带来危害。

地球上无脊椎动物的出现至少早于脊椎动物1亿年，从如今出土的化石看，大多数无脊椎动物应该位于"寒武纪"时代，在那个时代，节肢动物的三叶虫及腕足动物已经出现。随后发展了古头足类及古棘皮动物的种类。到古生代末期，古老类型的生物遭受大规模灭绝，生活于中生代的软体动物的古老类型，如菊石到末期即逐渐绝灭，软体动物现代属种大量出现。到"新生代"演化成现代类型众多的无脊椎动物，而在古生代盛极一时的腕足动物至今只残存少数代表，如海豆芽。

大约6亿年前，在地质学上称作"寒武纪"的开始，绝大多数无脊椎动物门在几百万年的很短时间内出现了。这种几乎是"同时"且"突然"地出现在"寒武纪"地层中门类众多的无脊椎动物化石（节肢动物、软体动物、腕足动物和环节动物等），而在"寒武纪"之前更为古老的地层中长期以来却找不到动物化石的现象，被古生物学家称作"寒武纪生命大爆发"，简称"寒武爆发"。其至今仍被国际学术界列为"十大科学难题"之一。

我们可以将无脊椎动按照从低等到高等顺序排列：

原生动物，如草履虫、变形虫等单细胞动物

↓

腔肠动物，如水螅、海葵、海蜇等

↓

扁形动物，如涡虫、绦虫、血吸虫等

↓

线形动物，如蛔虫、线虫等

↓

环节动物，如蚯蚓、沙蚕等

↓

软体动物，如螺蛳、河蚌、乌贼、章鱼等

↓

节肢动物，如昆虫、虾蟹、蜘蛛、蜈蚣等

↓

棘皮动物，如海胆、海星、海参等

 # 昆虫

昆虫是生活中常见的动物，种类繁多、形态各异，属于无脊椎动物中的节肢动物，是地球上数量最多的动物群体，在所有生物种类（包括细菌、真菌、病毒）中占了超过50%，它们的踪迹几乎遍布世界的每一个角落。这些昆虫大多是白天活动，成虫期具有发达的翅膀，通常有发达的口器，成虫寿命比较长。如蜜蜂、马蜂、蜻蜓、苍蝇、蚊子、牛虻、蝴蝶等。昆虫在空中活动阶段主要是进行迁移扩散，寻捕食物，婚配求偶和选择产卵场所。

已知的昆虫约有100万种，最常见的有蝗虫、蝴蝶、蜜蜂、蜻蜓、苍蝇、草蜢、蟑螂等，下面我们一起来看看昆虫都有哪些吧。

1.鞘翅目

鞘翅目是昆虫纲中的第一大目，统称"甲虫"。种类有33万种以上，占昆虫总数的40%，在中国记载7000余种。鞘翅目昆虫主要有各种叶甲、花金龟、步甲、虎甲、阎甲、葬甲、粪金龟等。它们的前翅呈角质化，坚硬，无翅脉，称为"鞘翅"，因此而得名。外骨骼发达，身体坚硬，因此能够保护内脏器官。此类昆虫的适应性很强。有咀嚼式口器，食性很广，分为植食性、肉食性、腐食性、尸食性、粪食性等。

鞘翅目属完全变态，幼虫因生活环境和食性不同有各种形态，蛹绝大

多数是裸蛹，稀有的为被蛹。

2.鳞翅目

　　鳞翅目是昆虫纲中仅次于鞘翅目的第二大的目，由于身体和翅膀上披有大量鳞片而得名。主要分蛾类和蝶类，共同识别特征是虹吸式口器，由下颚的外颚叶特化形成，上颚退化或消失，完全变态。体和翅密披鳞片和毛，翅二对，膜质，各有一个封闭的中室，翅上披有鳞毛，组成特殊的斑纹，在分类上常用到。少数无翅或短翅型，跗节6节，无尾须，全变态。

　　鳞翅目幼虫多足型，除3对胸足外，一般在第3～6及第10腹节各有腹足一对，但有减少及特化情况，腹足端部有趾钩。幼虫体上条纹在分类上很重要，蛹为被蛹。成虫一般取食花蜜、水等物，不为害（除少数外，如吸果夜蛾类危害近成熟的果实）。幼虫绝大多数陆生，植食性，危害各种植物。少数水生。

　　蝴蝶是一类日间活动的鳞翅目昆虫，通常可以从它们明亮的色彩和棒状的触角，以及它们休息的方式为四翅合拢，树立于背上来辨别。蝴蝶的后翅基部扩大而有力，在飞行时支持并连接着前翅。世界上蝴蝶已知种类近2万种，都是惹人瞩目的昆虫。

　　中国的蝴蝶种类有2000余种，蝴蝶属完全变态昆虫，一生经历卵、幼虫、蛹、成虫等阶段。幼虫多以植物为食，成虫则以虹吸式口器吸食花蜜。蛾类是鳞翅目中最大的类群，占到鳞翅目种类的9/10左右。蛾类的外观变化很多，难以作一般描述。大多数蛾类夜间活动，体色黯淡。也有一些白天活动，色彩鲜艳的种类。不过，蛾类触角和蝴蝶有所区别，它们没有棒状的触角末端，而是呈现丝状、羽毛状等其他样式。另外大多数蛾类的前后翅是依靠一些特殊连接结构来飞行。翅膀连接的翅缰和翅轭的存在，使得蛾类和蝴蝶有了更多的区别方式。

3.双翅目

双翅目是昆虫纲中较大的目。由于成虫前翅为膜质，后翅退化成"平衡棒"而得名。双翅目分为长角、短角和环裂三个亚目。长角亚目的触角在6节以上，是比较低等的类群。短角亚目触角在5节以下，一般3节，通称"虻"。环裂亚目就是我们通称的"蝇"。

昆虫不但种类多，而且同种的个体数量也十分惊人。昆虫的分布面之广，没有其他纲的动物可以与之相比，几乎遍及整个地球，分有不同的种类。多数昆虫可以做标本和珍贵的药材，是人类可以利用的良好生物资源。

鱼

鱼，是我们生活中最为常见的食物之一，也有部分是作为观赏宠物，但其实，鱼并不是当下才有的动物，而是陪伴人类走过了5000多年历程，与人类结下了不解之缘。随着科学的发展，人们对鱼所下的定义也发生了很大的变化。

鱼类是以鳃呼吸、通过尾部和躯干部的摆动以及鳍的协调作用游泳和凭上下颌摄食的变温水生脊椎动物，属于脊索动物门中的脊椎动物亚门，一般人们把脊椎动物分为鱼类（53%）、鸟类（18%）、爬行类（12%）、哺乳类（9%）、两栖类（8%）五大类。根据已故加拿大学者尼尔森在1994年的统计，全球现生种鱼类共有24618种，占已命名脊椎动物一半以上，且新种鱼类不断被发现，平均每年以约150种计，10多年应已增加超过1500种，目前全球已命名的鱼种约在32100种。

鱼按照生活气候可分为热带鱼、温带鱼和寒带鱼等。按照水域可分为淡水鱼和海水鱼。

在脊椎动物五大类中，鱼类是最低等的，在地球上出现的时间也最早。大部分的鱼是冷血动物，但也有一小部分是温血动物，鱼用鳃呼吸，具有颚和鳍。对于现存鱼类，外面可以将其分为两大族群——软骨鱼类（如鲨鱼等）和硬骨鱼类（线状鳍和波状鳍的鱼类）。这两种族群的鱼类最早出现于泥盆纪早期，在线状鳍鱼中较进阶的一群称为硬骨鱼，在"侏罗纪"时开始进化，已变成个体数量最多的鱼类。另外，还有一些种类现已灭绝。

鱼类的消化系统十分特殊，由消化道和消化腺组成，消化道已有胃肠的分化，还有明显的胰腺。因为鱼类是水生动物，所以无论是消化器官还是食物特性，都已经适应了水中的生活。

鱼的口位于上、下颌之间，口内无唾液腺，鱼类的口咽腔内有真正的牙齿，能积极主动地摄取和捕食，较圆口纲更高级。板鳃鱼类颌骨上的牙齿由盾鳞转化而成，硬骨鱼的牙齿因着生部位不同而分为口腔齿和咽喉齿。一般食肉性鱼类的牙齿大而呈圆锥形、犬齿状、臼齿状或门齿状；杂食性鱼类的牙齿呈切割形、磨形、刷形或缺刻形，以浮游生物为食的鱼类牙齿细弱而呈绒毛状排列成齿带；多数鱼类的鳃弓内缘着生鳃耙，起着保护鱼鳃和咽部滤食的作用。

鱼的听力十分敏锐，它们虽然没有耳朵，但是体内有特别设计的声音接收器，可将声波传到内耳里充满液体的管状结构。这些管道里有特殊的细毛，叫纤毛，它们可以将声音的脉冲通过一系列复杂的机制和化学反应

传到鱼的脑子里，在那里进行处理。耳石是听觉系统的一部分，和感觉细胞相连，在硬骨鱼的听觉平衡机制里起着很大的作用。耳石对科学家来说很有价值，他们依靠耳石来辨别鱼的种类，还可以来判定一条鱼的年龄，因为鱼成长时，耳石每年会长出一轮同心圆。在显微镜下，科学家们可以看到并数出这些同心圆。

淡水鱼

广义地说，能生活在盐度为3/1000的淡水中的鱼类就可称为淡水鱼。狭义地说，指在其生活史中部分阶段如只有"幼鱼期"或"成鱼期"，或是终其一生都必须在淡水域中渡过的鱼类。世界上已知鱼类约有26000种，淡水鱼约有8600种。我国现有鱼类近3000种，其中淡水鱼有1000余种。

淡水鱼多为草食性及杂食性，但也有少量肉食性。河川上游多以昆虫、附著性藻类为食。河川下游常以浮游生物、有机碎屑为食。

淡水鱼，顾名思义就是生活于淡水中的鱼，实际上，只要有淡水的地方，就有淡水鱼的存在，从温暖的温泉到冰天雪地的两极，都有淡水鱼的踪迹。

不同海拔的淡水鱼种类也不同，在位于河川上游1500米以上的地方，水流湍急，会出现很多由石头构成的池塘、石隙等栖息地。在中游地带，海拔为200～1500米。这一阶段地形复杂，地形种类也很多，如平潭、深潭、瀑布、涧道、回水等，这一地理位置出现的淡水鱼有石鲤、香鱼。河川下游水势平缓，更易受到污染，淡水鱼主要是一些被耐污的外来鱼种，如大肚鱼、琵琶鼠鱼。

鱼大部分生活在海洋中，而淡水鱼有8600种，光是我国的鱼类就高达3000多种，淡水鱼达1000多种，我国淡水鱼资源丰富，加上人工养殖，市场供应充足。其中以鲤鱼、鲢鱼、草鱼、青鱼为最常见，此外还有鳝鱼、鳠鱼等。

草鱼又叫草青，体色茶黄，在所有淡水鱼中产量最大，这类鱼的特点就是生长快、体重大、头大肉肥，但肉质较粗，比起鲤鱼等质量较次。

鲤鱼是淡水鱼中属于佳鱼的一种，鳞白带金属光泽，红尾，肉嫩，味鲜，黄河鲤鱼品质颇佳。

鲫鱼体形扁宽，背部隆起明显，鳞片较小，其特点肉质细嫩，鱼肉鲜美，但是刺多，鲫鱼除了红烧外，也适合炖汤，小鲫鱼则可以用油炸。

鲢鱼分为白鲢、花鲢（俗称胖头鱼）两种。白鲢体色发白，鳞片细小，头较大，肉肥，味美，头部最肥，特别适宜做砂锅鱼头。

鳝鱼又名长鱼、黄鳝，身长而细，头粗尾细，背黑褐色，肚黄色，眼小无鳞，这种鱼的肉质极其细嫩鲜美，被视为鱼中佳品。

青鱼又叫乌鳍，体长，呈圆筒形，脊部乌黑，肚乳白色，肉白而充实，是淡水鱼中肉质细嫩的一种，所含脂肪较多，特别是胸鳍部一段肉和头尾两部分，在青鱼身体的各个部位中，它的肺是肉质最嫩的地方，脂肪含量高，名菜"烧秃肺"就是用青鱼肺做的，口感极好，深得美食爱好者的喜爱。

鳠鱼又称鳘鱼，肉质细嫩，营养丰富，属于高档的滋补佳品。

淡水鱼通常居住于内陆水域，然而随着最近几十年的经济发展、人口增加、环境污染、滥垦、滥建、筑坝、任意引进非本地品种、过度捕获等问题，已令淡水鱼的自然栖息地及水质遭受到不可弥补的破坏，令水生动物物种及数量大幅度锐减，其中约1800种淡水鱼处于濒危状态，某些物种甚至已经绝种。若一个物种绝种，还会破坏食物链，严重影响生态平衡。

近亲繁殖会影响人类后代，这一定律同样适用于鱼类，鱼若近亲繁殖，会造成鱼类小型化。此情况常见于养鱼场。因此，人们需积极关心保护余下饱受威胁的淡水鱼品种。

海水鱼

常见海水鱼有黄花鱼、桂花鱼、带鱼、乌仔鱼、比目鱼、红三鱼等。

众所周知，海水鱼终生生活在汪洋大海里，而淡水鱼则终生生活在江、河、湖泊和溪涧的淡水中。在生物进化的几千万年间，鱼类生息繁衍，造就了生活在不同水域的两大体系。

鱼类对水环境的盐度适应性很强，各种鱼类能在不同盐度的水域中正常生活，这与其具有完善的生理调节机制有关，但调节作用只限于一定的盐度范围内，否则将影响其生存。

海水鱼鱼体组织的含盐浓度比外界海水的含盐浓度要低得多，由于海水中有大量盐分，故比重高、密度大。根据渗透压原理，海水鱼鱼体组织中的水力，将不断地从鳃和体表向外渗出。海水鱼为了获得生存，必须要调整身体和保持体内水平衡，因此就必须要吞食大量海水，以防止体内水分的流失，但同时，它们体内的盐分也就增加了。海水鱼除了从肾脏排除掉一部分盐外，主要还是依靠鳃组织中的"泌氯细胞"来完成排盐任务。此外，也有一些海水鱼，主要是软骨鱼类，如鲨鱼，则将代谢后的氮化物，以尿素形式贮存于血液中，使血液浓度增加，渗透压也变得与海水相当，这样，吞水和排盐问题就不必担心了。

淡水鱼与海水鱼大不一样，淡水鱼鱼体组织的含盐浓度比外界淡水的含盐浓度要高，也就是说，淡水的含盐浓度低、比重低、密度小，根据渗透压原理，外界淡水将不断地大量进入鱼体，为此，淡水鱼只有通过肾脏将过多的水分排出体外。

下面是淡水鱼和海水鱼的典型区别：

（1）淡水鱼生活在淡水中，海水鱼生活在海水中。

（2）相比之下，淡水鱼对温度的要求比海水鱼要高。

（3）淡水鱼一般是鱼场"生产"出来的，海水鱼却基本上都是野生捕捞的。而且，在大海中，生存条件非常恶劣，能活下来的全是"强者"，所以从体质上讲，海水鱼要强多淡水鱼太多了。而且海水是咸水，没有淡水那么多的病菌和病毒，只要水质控制好，海水鱼的寿命会很长。

（4）海水鱼要比淡水鱼漂亮得多，怪异得多。

（5）淡水鱼很多都可以人工繁殖，特别是孔雀等卵胎生的鱼很轻易地就可以成功生出下一代。但是海水观赏鱼人工繁殖一直是水族界的焦点，不是没有成功的例子，但确实太少了。

海水鱼通常分"冰鲜"和"急冻"两种，"冰鲜"就是指捕鱼后，把

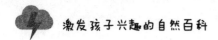

鱼用现成的冰块冷冻起来；"急冻"则是指捕鱼后用制冷设备把鱼冷冻起来，如同家庭冰箱的"急冻"。"冰鲜"存放的时间较短，风味较佳，"急冻"一则存放时间较长，二则温度太低，品质稍次。

 哺乳动物

在自然界的动物中，哺乳动物是重要的一种动物类型，它指的是脊椎动物亚门下哺乳纲的一类用肺呼吸空气的温血脊椎动物，因能通过乳腺分泌乳汁来给幼体哺乳而得名。

哺乳类是一种恒温、脊椎动物，身体有毛发，大部分都是胎生，并由乳腺哺育后代。哺乳动物既是动物发展史上最高级的阶段，也是与人类关系最密切的一个类群。

哺乳动物具备了许多独特特征，无论是对自然环境的适应能力还是繁衍后代的成活率都提升了很多。哺乳动物在动物比例中占有很大部分且分布范围广，主要按外型、头骨、牙齿、附肢和生育方式等来划分，习惯上分为3个亚纲：原兽亚纲、后兽亚纲和真兽亚纲，现存约28个目4000多种。

生活中哺乳动物有很多，如狗，猫，牛，羊，兔子等。哺乳动物不同于其他动物，在脊椎厚度上，哺乳动物明显比其他动物厚很多，绝大多数哺乳动物为胎生，不过也有个别的除外，如鲸，而且哺乳动物的口内有再生牙齿。

最大的哺乳动物是蓝鲸，最大的陆生哺乳动物是非洲象，最高的哺乳动物是长颈鹿，跑得最快的哺乳动物是猎豹，最臭的哺乳动物则是美洲臭鼬。

哺乳动物最重要的特征是：体表有毛、胎生，一般分头、颈、躯干、四肢和尾5个部分；用肺呼吸、头脑发达、体温恒定，智力和感觉能力进一步发展，繁殖率提升，有很强的猎取食物和处理食物的能力，智力和感觉

能力的进一步发展。

哺乳和胎生是哺乳动物最显著的特征。胚胎在母体里发育，母体经过一段时间孕育胎儿，然后分娩出来，母体都有乳腺，靠乳汁哺乳胎儿，这一切涉及身体各部分结构的改变，包括脑容量的增大和新脑皮的出现，视觉和嗅觉的高度发展，听觉比其他脊椎动物更为灵敏；牙齿和消化系统的特化有利于食物的有效利用；四肢的特化增强了活动能力。

获取食物的能力提升，且能及时察觉危险的存在而躲避开，身体呼吸系统以及完善的体毛能保证它们有着恒定的体温，因此，即便是广阔的环境下，它们依然可以很好地生存。胎生、哺乳等特有特征，保证其后代有更高的成活率及一些种类的复杂社群行为的发展。

哺乳动物另一个特征是具有乳腺（无论雌雄），其中雌性哺乳动物的乳腺高度发达。在辨别雄性和雌性哺乳动物上，可以根据汗腺、毛发、中耳听小骨以及脑部新皮质上的不同来区别。

除5种单孔目的哺乳动物外，所有哺乳动物都是直接生产后代的。大多数的哺乳动物拥有专门适应其生存条件而成的牙齿。哺乳动物以脑调节体内温度和循坏系统（包括心脏）。

哺乳动物还具有以下特征。

1.恒定的体温

皮肤和毛发是哺乳动物的保护层，它们能用皮毛抵抗外面的风雨，能隔绝冷热，所以，无论天气多么寒冷，哺乳动物都能依靠它们来保持体温的恒定，以适应各种复杂的气候环境。

2.大脑比其他脊椎动物更大

正因如此，哺乳动物有着更高的智力，能控制自己的思维，一些灵长类动物，如猴子、猩猩，就是典型的这类动物，因为拥有发达的大脑，它们的行为也比其他动物更复杂。它们会学习，能不断地改变自己的行为，以适应外界环境的变化。

3.保持身体各部分清洁

哺乳动物的毛发内容易藏污纳垢，很容易被寄生虫感染，因此，为了保持身体的健康，它们会自觉养成清洁身体各部分的习惯，清洁的方式也是多种多样，如口舔、抓搔、抖动、打滚、洗浴、摩擦、轻咬等。

爬行动物

在自然界生命进化的过程中，爬行动物占有极其重要的地位。它的胚胎由于可以在产于陆地上的羊膜卵中发育，使其繁殖和发育摆脱了对外界水环境的依赖，是真正的陆生脊椎动物。

人们常见的蛇、蜥蜴、龟、鳖、鳄鱼等，均属爬行动物。它们的主要特征是：卵生，有羊膜卵，变温，皮肤干燥，背部有鳞片或甲板，骨骼也具有一系列适应陆地生活的特征。指趾有爪，有利于陆地爬行和攀援。

在1亿多年前的中生代，地球上的爬行动物盛极一时，是地球上的主宰，人们称为"恐龙时代"。大约在6500万年前，恐龙从地球上灭绝了，爬行动物只剩下很少一部分，但即使如此，它们的种类依然丰富多样、形态各异。

爬行动物与两栖动物不同，它们的皮肤干燥且表面覆盖着能保护它们皮肤的坚硬的外壳或者鳞片，这让他们可以离开水而去陆地上生活，要知道，陆地的地面或空气比水中可是干燥多了。在恐龙时代，地球的主宰者就是爬行动物，这对动物的进化产生了重大影响。

大多数爬行动物生活在温暖的地方，因为它们需要太阳和地热来取暖。很多爬行动物栖居在陆地上，但是海龟、蛇海、水蛇和鳄鱼等都生活在水里。

爬行动物在地球上的称霸时光已经不复存在，它们中的很多种类已经灭绝，但爬行动物仍然是非常繁盛的一群，其种类仅次于鸟类而排在陆地脊椎动物的第二位。爬行动物到底有多少种，科学家们也很难给出准确的数据和答案。

根据头骨上颞颥孔的数目和位置分成四大类，这种分类不一定正确反映了彼此的亲缘关系，但是使用起来比较方便，所以虽然至今新的划分方案很多，但是这种传统的分类仍然常被使用。

1.无孔亚纲

头骨上没有颞颥孔，代表爬行动物的原始类型。

2.下孔亚纲

头骨每侧有一个下位的颞颥孔，眶后骨和鳞骨为其上界，是向着哺乳动物演化的爬行动物。

3.调孔亚纲

头骨每侧有一个上位的颞颥孔，眶后骨和鳞骨为其下界，通常为海洋爬行动物。

4.双孔亚纲

头骨侧面有两个颞颥孔，眶后骨和鳞骨位于两孔之间，该纲为占优势的爬行动物。

双孔亚纲又进一步划分为较原始的鳞龙次亚纲和初龙次亚纲。

现存的爬行动物除了龟鳖类属于无孔亚纲，鳄类属于初龙下纲外，其余成员均属于鳞龙下纲。

中国有爬行动物300余种，但由于长期的过度捕杀，多数爬行动物的野生种群已处于严重濒危或衰落状态。

 ## 鳄类

很多人对鳄鱼这种动物并不陌生，鳄鱼的种类有很多，总结起来就是鳄类。鳄类的心脏和人类一样有两房（左心房、右心房）和两室（左心室、右心室），是脊椎动物中首次出现的左右心室完全分隔（两栖动物和除鳄类以外的爬行动物都只有一个心室，或没有完全分隔的左右心室）。脊椎动物中只有鳄类、鸟类、哺乳动物有左右心室完全分隔的心脏。

鳄鱼、大鳄鱼和短吻鳄：1.5米～7.5米；印度食鱼鳄：3米～5.5米。

鳄类是初龙类中延续至今的唯一代表。我国鳄类化石多为头骨，如侏罗纪的山东鳄、西蜀鳄、第三纪的马来鳄等。

鳄类现存23种，包括鳄鱼13种、短吻鳄2种、大鳄鱼6种、印度食鱼鳄2种。分布在澳大利亚、亚洲、非洲和美洲热带地区；栖息地在河流、湖泊、湿地沼泽、海洋及雨林等。

地球上最大的鳄类为帝鳄，帝鳄又称肌鳄、帝王鳄，意思为"肌肉鳄鱼"，是一种已灭绝的鳄类。它们生存在早白垩纪的非洲，是曾经存活过的最大型鳄类动物之一。帝鳄以各种史前鱼类为主要食物。

帝鳄化石是在尼日尔的撒哈拉沙漠发现的。第一个帝鳄的牙齿与鳞甲是在20世纪40年代到50年代被发现，由法国古生物学家艾伯特·拉伯发现。直到1964年，地理学家发现其头颅，并引起菲利普·塔丘特的注意。他带着化石回到巴黎进行研究。在1966年，他们正式将这种动物叙述、命

名，学名为帝鳄，意思是"肌肉—鳄类—帝王"。

曾经的古生物考察认为，在距今约1.1亿年以前，恐龙并非地球上唯一的统治者。美国芝加哥大学的古生物学家最近在尼日尔的泰内雷沙漠发掘到一具巨型鳄鱼的化石。这种鳄鱼的学名叫"sarcosuchus"，就是"鳄鱼之王"的意思。与此同时，这些研究人员惊讶地发现，这只生存在水中的鳄鱼堪称"庞然大物"。它长约11.65米，重达8吨，而且，这种鳄鱼与恐龙同处一个时期——白垩纪，是当时最凶猛的食肉动物之一。更让研究人员吃惊的是，这样的鳄鱼在恐龙横行的远古时代，与恐龙共同分享这白垩纪温暖的气候。它还能捕食恐龙，主要因为它有着非常特殊的身体构造。它的鼻子末端长着一个巨大的、球根状的突起，突起里面有一个空腔。这使它的嗅觉异常灵敏，并能发出奇异的声音。而且，这种超级鳄鱼的牙齿也非同一般，与一般以鱼类为生的动物相比，它的下颌牙不仅与上颌牙互相交错，而且能精确无误地嵌入其中。在100多颗牙齿当中，一排门牙能咬碎骨头，撕裂小型恐龙。此外，它的眼睛也难以理解地向上翘起。

除此之外，鳄鱼的皮肤上还长有一层片状骨质"铠甲"。这些"铠

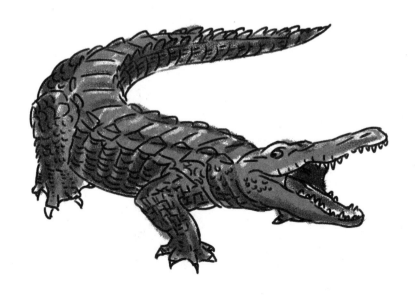

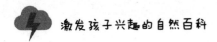

甲"不仅像树的年轮一样标志着鳄鱼的年龄，而且能保护鳄鱼在捕食猎物时免受伤害。

事实上，早在1964年，法国科学家就曾在尼日尔挖掘到一块此类鳄鱼的头盖骨化石。之后，由保罗·塞雷诺率领的芝加哥大学的考古队也分别在1997年和2000年挖掘到一些类似的化石。但这些残缺的化石仅仅提示研究人员——这样的鳄鱼有可能存在。而最近的发现则表明，此类鳄鱼可能就是生物史上最大的鳄鱼之一。

 **龟鳖类**

　　乌龟是生活中常见的一种动物，广义上指龟鳖目的统称，狭义上指龟科下的物种。乌龟别称金龟、草龟、泥龟和山龟等，在动物分类学上隶属于爬行纲、龟鳖目、龟科，是最常见的龟鳖目动物之一，是现存最古老的爬行动物。

　　龟鳖目下有两个亚目，分别是侧颈龟亚目和曲颈龟亚目。其中侧颈龟亚目下辖两个科，分别是侧颈龟科和蛇颈龟科。

　　侧颈龟科有5属25种，分别分布于南美洲、非洲以及附近地区。这5个属分别是马达加斯加侧颈龟属、侧颈龟属、亚马逊侧颈龟属、非洲侧颈龟属和南美侧颈龟属，诸如欧卡芬哥泥龟、威廉泥龟、塞舌尔泥龟、非洲侏儒泥龟等都属于侧颈龟科下的。

　　蛇颈龟科有11属45种，分别分布于大洋洲和南美洲，在我国虽然没有现存的成员，但是有化石被发现，所以在史前时期本科成员的分布比现在广泛。蛇颈龟科是大洋洲主要的淡水龟类，直到不久以前，在澳洲还有蛇颈龟科的新属新种被发现。大洋洲的蛇颈龟可以以分布于澳洲动物的普通长颈龟为代表，其颈部的长度几乎与背甲长相当。南美洲最著名的蛇颈龟科成员则是玛塔龟，其身上的突起使其巧妙地伪装成沉在水底的植物而不易被发现。

　　鳄龟科：或称啮龟科、鼍龟科，属于曲颈龟亚目龟总科下的1科，分布于美洲的2属2种4亚种大型淡水龟是这一类别的典型代表，分别是拟鳄龟与真鳄龟。鳄龟科为凶猛的食肉性龟类，头部大且嘴呈钩状，咬合能力惊人。

海龟科：分布于全球的各个温暖海域，生活于海洋中的具角质盾片的大型龟累，现存有4属6种，四肢呈鳍状，好游泳，到了繁殖期，会从海洋中游回陆地进行产卵。海龟科动物性食物和植物性食物均吃，会根据种类不同而有所偏重。人们经常说的海龟是绿海龟，这种龟背甲长1米左右，最长达1.5米，它们在繁殖期还会游历数千千米，令人惊叹。以海龟科体型最小的成员是丽龟，背甲通常不到0.7米，最大的成员则是蠵龟，背甲长1.5米，最大可达2米。

平胸龟科，仅平胸龟1种，或称大头龟、大头平胸龟，分布于亚洲东部和东南部。平胸龟名称的由来就是头大，因为这一点，它们的头不能缩回到龟壳中，四肢和尾也不能缩回，嘴成钩状，有些类似鳄龟，但体型较小。平胸龟分类地位不定，除自成1科外，也有人将其归入鳄龟科、龟科、潮龟科或陆龟科。

陆龟科：有10属39种，为分布广泛的陆栖龟类，在澳洲以外的世界各地都能见到，其中包括一些偏僻的海岛，主要为植食性，可以生活在较干旱的环境中。陆龟科最丰富的地方是非洲，其中著名的种类有非洲大陆的豹龟和马达加斯加岛的射纹龟等，它们均有比较漂亮的花纹，分布于其他地方的一些陆龟如印度星龟（美丽陆龟）等也有美丽的花纹，为龟类收藏者所喜爱。

泥龟科：现存仅一种，即泥龟，分布于墨西哥南部、危地马拉和伯利兹。泥龟体型较大，背甲超过半米，主要生活于淡水中，也可见于海湾、潟湖。泥龟科在史前分布远比现在广泛，中国发现有很多化石。

潮龟科：有21～24属56种，是在旧大陆与龟科平行发展的一科，也常被并入龟科。潮龟科分布于欧洲、北非和亚洲，另有一个属分布于中南美洲。潮龟科主要为淡水龟类，其中包括一些体型巨大的淡水龟，如马来西亚的巨龟背甲长达80厘米。中国最常见的龟多属于潮龟科，分布于中国南部的黄喉拟水龟有些个体为藻类所附着，这些背上附着藻类的龟即著名的绿毛龟。

动胸龟科：有3～4属22种，分布于新大陆从美国到南美洲北部，其中很多成员胸甲可以活动，能将壳完全封闭，因而得名。动胸龟科多为小型的淡水龟类，身长不到20厘米，但也有少数成员身长可达40厘米。动胸龟科成员常生活于泥泞的环境中，有些种类善于攀爬，均食用动物性食物。

鳖科：鳖科最主要的特征是它们的外部是皮肤而不是龟壳，主要分布在亚洲，非洲和北美洲也能见到，而澳洲只有化石。鳖科是游动迅速的淡水肉食性龟鳖类，性情凶猛，皮肤能帮助它们水中呼吸，这样它们能在水下保持很长时间，而在鳖科中最出众的种类是分布于中国南方和东南亚的鼋，其背甲长可达1.29米，是体型最大的鳖类之一，与我国其他的鳖相比，吻部较短。鼋是中国国家一级重点保护野生动物，而俗称甲鱼、王八的鳖便是鳖科鳖属的成员之一。

两爪鳖科：现在仅两爪鳖1种，两爪鳖体型较大，背甲超过70厘米，其四肢略呈鳍状，高度适应水中生活。与鳖科不同，两爪鳖科主要为植食性而非肉食性。分布于新几内亚和澳洲北部，但是在史前时期分布比较广泛，在中国也曾发现一种叫作"无盾龟"的化石，这种龟可能也属于此类。与鳖科相同，两爪鳖科外表为皮肤而非角质盾片，并生活于淡水中。

棱皮龟科：现存仅棱皮龟1种，与海龟科相似，棱皮龟是现存最大的龟鳖类，背甲长1.5米，最大可达2.5米，体重达860公斤。四肢呈鳍状，游泳技能卓越，生活在海洋中，仅在繁殖期才返回陆地产卵，但与海龟科不同的是，它不具角质盾片而为皮肤覆盖。棱皮龟比海龟分布更加广泛，它

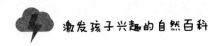

们因为体温能在较长时间内保持着超过水温，因此能去更加寒冷的水域探索，棱皮龟和海龟虽然分布广泛，但目前因为受到人类的追捕而有灭绝的危险。

 两栖动物

两栖动物指动物幼体生活在水中，用鳃呼吸，经变态发育，成体用肺呼吸，皮肤辅助呼吸，水陆两栖。两栖类动物由鱼类进化而来，长期的物种进化使两栖动物既能活跃在陆地上，又能游动于水中。这类动物的皮肤裸露，表面不存在鳞片或者是毛发，但是能分泌黏液，确保身体湿润。在幼体时，于水中生存，主要是通过腮呼吸。在长大以后，可以用肺、皮肤进行呼吸。常见的两栖动物有青蛙、雨蛙、树蛙、蟾蜍、大鲵、小鲵、蝾螈等。

一般来说，两栖类动物都是卵生，且有以下特征：

（1）体温不恒定，是变温动物。

（2）有脊椎。

（3）体外受精，体外发育，幼体生活在水中，胚胎没有羊膜。

（4）幼体用鳃呼吸。

（5）成体大多数生活在陆地上，少数种类生活在水中，一般用肺呼吸，皮肤辅助呼吸。

（6）皮肤裸露，能分泌黏液，依赖于湿润的的环境，有辅助呼吸的作用。

（7）先长出后肢，再长出前肢。

（8）抱对受精，不仅可以刺激雌雄双方排出生殖细胞，还可以使精子

和卵细胞向相同方向排出，提高受精率。

（9）心脏两心房，一心室，血液为混合血，不完全的双循环。

大多数蛙类、蟾蜍和蝾螈视力都很好，而洞穴蝾螈因长期生活在黑暗的环境中，视力逐渐丧失，但如果是生活在陆地上的蝾螈，视力都很好，所以对于那些行动缓慢的猎物，它们都能及时发现并捕获。蛙的眼睛很大，因而它们能注意到危险并发现猎物。许多两栖动物的听觉都很敏锐，周围一点细微的动静都逃不出它们的耳朵。

两栖动物的幼体要通过鳃呼吸。这些鳃的表面多是肉质的，呈羽毛状，且供血能力好，便于从水中获取氧气。如果是成体，则靠皮肤和肺共同呼吸，它们的肺部是一对且呈囊状，结构简单，肺内只有少数褶皱，呼吸面积小。肺缺少毛细血管，皮肤用毛细血管呼吸。无胸廓，采用口咽式呼吸。皮肤是辅助的呼吸途径，对蛰眠的蛙蟾类和鲵螈类来说，皮肤成为代替肺的呼吸器官。

两栖动物有5种主要的感觉：触觉、味觉、视觉、听觉和嗅觉，它们能感知紫外线和红外线，以及地球的磁场。通过触觉，它们能感知温度和痛苦，能对刺激作出反应。它们可以通过一种叫侧线的感觉系统感知外界水压的变化，了解周围物体的动向。又如蝾螈，在头上有感觉触须，可以帮助它们嗅出和发现周围道路的情况。

两栖动物3个目的体形不同，它们的防御、扩散、迁移的能力弱，对环境的依赖性大，虽然有各种生态保护适应，但比其他纲的脊椎动物种类仍然较少，其分布除海洋和大沙漠外，平原、丘陵、高山和高原等各种生态环境中都有它们的踪迹，最高分布海拔可达5000米左右。它们大多昼伏夜出，白天多隐蔽，黄昏至黎明时活动频繁，酷热或严寒时以夏蛰或冬眠方式度过。以动物性食物为主，没有防御敌害的能力，鱼、蛇、鸟、兽都是它们的天敌。

人们通过认识两栖类物种的多样性，关注它们的生存状态，进一步保护人类这一朋友。

除了海洋和大沙漠以外，两栖动物在平原、丘陵、高山和高原的各种生态环境中均有分布。垂直分布可达5000米。个别种能耐半咸水，在热带、亚热带湿热地区种类最多，南北温带种类递减，仅个别种可达北极圈南缘。有水栖、陆栖、树栖和穴居等。产热和散热机能不够完善，一般于黄昏至黎明时在隐蔽处活动频繁，酷热或严寒季节以夏蛰或冬眠方式度过。摄取动物性食物（蛙类蝌蚪刮取植物性食物为主）。

鸟

鸟是生活中我们常见的一种动物，鸟类的定义是：有羽毛几乎覆盖全身的卵生脊椎动物，温血卵生，用肺呼吸，几乎全身有羽毛，后肢能行走，前肢变为翅，大多数能飞。

在动物学中，鸟的主要特征是：身体呈流线型（纺锤型或梭形），大多数飞翔生活。体表披覆羽毛，一般前肢变成翼（有的种类翼退化）；胸肌发达；直肠短，食量大消化快，即消化系统发达，有助于减轻体重，利于飞行；心脏有两心房和两心室，心搏次数快。体温恒定。呼吸器官除具肺外，还有由肺壁凸出而形成的气囊，用来帮助肺进行双重呼吸。

1.凌波仙子——游禽

游禽最重要的特征就是善于潜水、在水中觅食，它们也会飞翔，但行走能力却不佳。

目前了解到的游禽种类大概有70多种，在我国，游禽主要集中在洪湖、沉湖、龙感湖、梁子湖等江汉湖群，为冬候鸟，著名的"洪湖野鸭和大雁"就属于这一类群。

2.湿地之神——涉禽

湿地是地球上最富饶的自然环境，其中有鱼、虾、蛙、水生昆虫、软体动物、甲壳类等动植物，为涉禽提供了丰富的食物，而那些茂盛的水生植物，又为涉禽提供了良好的隐蔽场所。

涉禽大多数具有嘴长、颈长、腿长的特点。水域生态环境比较适合涉禽的生息，近几年来涉禽的数量大幅增长，分布越来越广。常见有鹭科鸟类。

3.空中雄鹰——猛禽

猛禽的嘴尖锐弯曲、爪子锋利无比，眼睛敏锐，翅膀孔武有力，能在悄声无息的情况下迅速起飞和降落，且能准确无误地捕捉猎物。目前已被认识和了解的猛禽有51种，著名的有金雕、白尾海雕、红隼等。

4.攀援冠军——攀禽

攀禽的攀援本领名不虚传，它们因为有着强健的脚趾和紧韧的尾羽，因此，能将身体牢牢贴在树干上，攀禽中食虫益鸟比较多，如啄木鸟、杜鹃、夜鹰等。

5.竞走健将——陆禽

陆禽的腿脚健壮，具有适于掘土挖食的钝爪，体格壮实，嘴坚硬，翅短而圆，不善远飞。雌雄羽毛有明显差别，一般雄鸟比较艳丽。繁殖期常一雄多雌，雄鸟间有激烈的争偶行为，并有复杂的求偶表现。如白冠长尾雉、红腹锦鸡、白颈长尾雉等。陆禽分鹑鸡和鸠鸽两类。

6.无冕歌王——鸣禽

在鸟类王国中，鸣禽是种类极为丰富和色彩多样的一大类，且种类数量最多，绝大多数以昆虫为食，是农林害虫的天敌，著名的有百灵、画眉、绣眼、红蓝点额等。鸣禽体态轻盈、羽毛鲜艳、歌声婉转，多可欣赏。

全世界现存鸟类约有156个科9000余种。我国有81个科，占51.9%，1186种，占世界鸟类总数的13%。其中我国雉科的野生种（各种野鸡）有56种，约占世界雉科的20%；全世界共有鹤15种，我国就有8种，约占世界总数的53%；全世界画眉科共有46种，我国有34种，约占世界总数的74%。

我国不仅鸟的种类多，而且有许多珍贵的特产种类。例如，羽毛绚丽的鸳鸯、相思鸟，产于山西、河北的褐马鸡，甘肃、四川的蓝马鸡，西南的锦鸡，中国台湾的黑长尾雉和蓝腹鹇，产于我国中部的长尾雉，东南部的白颈长尾雉，还有黄腹角雉和绿尾虹雉，等等。有不少鸟类，虽不是我国特产，但主要产于我国境内，如丹顶鹤和黑颈鹤等。

东北区产潜鸟、松鸡、旋木雀、岩鹨、鸸鹋、太平鸟等，其中，松鸡科的种类经济价值最大。山鹑、雉鸡也很繁盛，同时是许多种候鸟的栖息地。

华北区产褐马鸡、长尾雉、石鸡等。扁嘴海雀在东部沿海地区繁殖。还有广泛分布在古北界的一些种类，如岩鹨、旋木雀、鸸鹋、山鸦、交嘴雀等。有不少南方鸟类夏季迁来营巢育雏，如水雉、山椒鸟、卷尾、黄鹂、绣眼鸟等。

蒙新区产鸟类适应沙漠生活，主要有大鸨、毛腿沙鸡、沙百灵、沙鹏、沙雀等。丹顶鹤在本区东部的沼泽地带繁殖。

青藏区产雪鸡、雪鹑、高原山鹑、藏雀、高山地雀，兀鹫等高山型种类，以及西藏毛腿沙鸡、沙百灵、雪雀等高原草原种类。雪雀在鼠兔的洞穴栖息，正如蒙新区的沙鹏与黄鼠"鸟鼠同穴"一样，是一种特殊的适应现象。

西南区内，画眉亚科和雉科在种类和数量上都占优势，并有许多特产种类。也有不少北方鸟类沿着横断山脉进入本区，如戴菊、旋木雀、岩鹨、长尾雀等。南方鸟类见于本区的还有鹎、太阳鸟、啄花鸟等。

华中区产于北方的种类，如灰喜鹊、白头鹎及攀雀等。南方种类更多，如须䴓、山椒鸟、画眉、啄花鸟等科中的许多属和种。特产种类仅有金鸡、黄腹角雉、红腹角雉、小隼、白颈长尾雉等。

华南区鸟类非常丰富。除与华中区共有许多著名的科以外，还有鹦鹉、草鸮、犀鸟、咬鹃、阔嘴鸟、八色鸫、和平鸟和太阳鸟科的大部分种类。另外，有其他科的热带种类，如原鸡、绿孔雀、缝叶莺等。鲣鸟在西沙群岛集群繁殖。

第05章
植物王国

　　在大自然中，植物是最常见的一种生物了，无论是森林、公园还是路边，都能见到各种各样的植物，世界上现存大约有35万种植物。对于小朋友们来说，这么多植物恐怕很难分辨，但如果我们能按照一定的逻辑进行分类的话，就能将其分门别类、系统地了解和学习了。

高等植物和低等植物

自然界中植物的种类繁多，一共有35万余种。种类如此繁多，对不熟悉的人来讲，简直是杂乱无章。然而当我们懂得了植物的分类等级时，就会发现它们其实是各有所属，井井有条的。每一种植物，不管它是高等的还是低等的，是种子植物还是孢子植物，只要讲出它的科学的名称，就可以在某个位置上找到它。

那么，什么样的植物是高等植物呢？

高等植物是指在形态上、结构上和生殖方式上都比较复杂的，较高级的植物。譬如，它们一般都有根、茎、叶的分化，有各种组织、器官的分化，在生殖方式上，有性和无性两种方式世代相互交替出现。此外，很关键的一点是它们在个体发生中，有"胚"这个构造。具有上述这些特性的植物，称为高等植物。生活中，我们所看到的能开花结果的，都属于高等植物的范畴，另外，也有一些不开花的植物，如生长在潮湿环境中的苔藓植物，在阴湿环境中的蕨类植物也是高等植物。

高等植物植物体矮小，一般高仅数厘米。生于阴湿环境。虽有根、茎、叶的分化，但其根是由单细胞或多细胞构成的假根，茎与叶分化虽明显，仅有输导细胞的分化而无维管束及中柱。生活周期中配子体占优势。有性世代的植物体称为配子体，就是我们所见的具有假根、茎、叶的植物体。在配子体上形成藏卵器或藏精器，在藏卵器中产生雌配子（卵）、在藏精器中产生雄配子（精子），精子具有鞭毛，能游动于水中。由于此时期的植物体产生配子，故此植物体称为配子体，这一世代为有性世代。

低等植物是一类形态、结构和生活方式较简单，在进化过程中处于较低级的植物。它们一般没有根、茎、叶的分化，整个植物体呈叶状或丝状，甚至一个植物体只由单个细胞形成。它们多数生活在水中，如生活在淡水中的单细胞的衣藻。由于它们的生长，可使整个水面呈现一片绿色。低等植物中有一部分自身能进行光合作用，如紫菜、海带等。有一些自身不能进行光合作用它们只能过寄生或腐生的生活，如蘑菇、香菇等。

要确定某一植物属高等植物还是低等植物是不困难的，在外形上，主要从有无根、茎、叶的分化来判断，而不能从植株的高矮、大小上来区分。一般来说，在高等植物中，根、茎、叶这三者的分化是极为明显的，但在高等植物的低级类群中，如苔类植物，整个植物呈叶状体，没有茎，在叶状体的腹面有单细胞丝状的假根；藓类植物虽有根、茎、叶的外形，但无根、茎、叶的内部构造。这些植物，虽然它们的根、茎、叶分化不彻底，但最关键的一点，它们都具有"胚"这一构造，所以它们都是高等植物。

苔藓植物

　　植物的种类有很多，苔藓植物是其中重要一种，苔藓植物为绿色无种子的绿色植物。至少18000种，可分为3纲：分别为苔纲、藓纲和角苔纲。苔藓植物广布世界各地。某些苔藓植物用作观赏植物。

　　苔藓植物是一种小型的绿色植物，结构简单，仅包含茎和叶两部分，有时只有扁平的叶状体，没有真正的根和维管束。苔藓植物喜欢阴暗潮湿的环境，一般生长在裸露的石壁上，或潮湿的森林和沼泽地。

　　苔藓植物是比较高级的种类，植物体已有假根和类似茎、叶的分化。植物体的内部构造简单，假根是由单细胞或由1列细胞所组成，无中柱，只在较高级的种类中有类似输导组织的细胞群。苔藓植物体的形态、构造虽然如此简单，但由于苔藓植物具有似茎、叶分化，孢子散发在空中，对陆生生活仍然有重要的生物学意义。

　　在植物界的演化进程中，苔藓植物代表着植物从水生逐渐过渡到陆生的类型。苔藓植物分布范围极广，可以生存在热带、温带和寒冷的地区，如南极洲和格陵兰岛。成片的苔藓植物称为苔原，苔原主要分布在欧亚大陆北部和北美洲，局部出现在树木线以上的高山地区。

　　可以防止水土流失苔藓植物一般生长密集，有较强的吸水性，因此能够抓紧泥土，有助于保持水土。可作为鸟雀及哺乳动物的食物有助于形成土壤苔藓植物可以积累周围环境中的水分和浮尘，分泌酸性代谢物来腐蚀岩石，促进岩石的分解，形成土壤。苔藓植物有以下特征：

（1）多生长于阴湿的环境里，体形细小，常见长于石面、泥土表面、树干或枝条上。

（2）一般具有茎和叶，但茎中无导管，叶中无叶脉，所以没有输导组织，根非常简单，称为"假根"。

（3）所有苔藓植物都没有维管束构造，输水能力不强，因而限制了它们的体形及高度。有假根，而没有真根。叶由单层细胞组成，整株植物的细胞分化程度不高，为植物界中较低等者。

（4）有世代交替现象。苔藓植物的主要部分是配子体，即能产生配子（性细胞）。配子体能形成雌雄生殖器官。雄生殖器成熟后释出精子，精子以水作为媒介游进雌生殖器内，使卵子受精，然后受精卵发育成孢子体。

（5）孢子体具有孢蒴（孢子囊），内生有孢子。孢子成熟后随风飘散，在适当环境，孢子萌发成丝状构造（原丝体）。原丝体产生芽体，芽体发育成配子体。

苔藓是可以人工养殖的，不过苔藓不适宜在阴暗处生长，它需要一定的散射光线或半阴环境，最主要的是喜欢潮湿环境，特别不耐干旱及干燥。养护期间，应给予一定的光亮，每天喷水多次，保持空气相对湿度在80%以上。

另外，温度不可低于22℃，最好保持在25℃以上，才会生长良好。苔藓植物是一群小型的多细胞的绿色植物，多适生于阴湿的环境中。最大的种类也只有数十厘米，简单的种类，与藻类相似，成扁平的叶状体。

蕨类植物

蕨类植物是植物的一大类，是泥盆纪时期的低地生长木生植物的总称。在今日是一种生命力极强的植物。蕨类植物有着一个世代交替的生命周期，由双套的孢子体和单套的配子体两者循环。蕨类植物典型的生命周期如下：孢子体（双套）经由减数分裂产生单套的孢子；孢子经由细胞分裂形成配子体；配子体会经由有丝分裂产生生殖细胞；可移动、具鞭毛的精子让仍黏在原叶体上的卵子受精；受精后的卵子形成了一个双套的受精卵，并经由有丝分裂成长成孢子体。

就一般的印象而言，蕨类植物是生长在阴暗潮湿的林地角落里，但其实蕨类植物可以生长的栖地范围要比这多出许多，也有居住在高海拔的山区、干燥的沙漠、水里或原野等地区的物种。蕨类植物一般认为大多生长在特定的边缘地带，通常是在环境限制了种子植物兴盛的地方。

生长在英国高地的蕨属或生长在赤道附近湖泊的满江红属，两者都形成了广泛且具侵略性的领域。蕨类植物的栖地主要有4种特定的类型：湿暗的森林或岩地的裂缝，可以挡住全部太阳的地方、泥塘和沼泽等酸性湿地以及赤道的树上，其中许多物种为附生植物。

蕨类植物的外形特征有哪些呢？

（1）叶子。有的科属在同一植株上，先后长出两种不同形状的叶片，一种为正常的绿色营养叶或称不育叶，另一种幼时为绿色，不久即长出孢子囊而失去绿色的孢子叶，这种类型叫叶片二型。蕨类植物的叶片结构除少数属种有栅状组织和海绵组织分化外，仅有海绵状、多少有空隙的叶肉层，有的甚至连叶肉层也没有。有些属种，叶片侧脉的分出和小羽片的分出一样有上先出和下先出之分。

（2）毛被。蕨类植物的毛被相当复杂，分毛和鳞片两大类，或调节叶面空气湿度，或保护孢子囊群。有些腺毛可能和代谢有关，分泌蜡质粉末的腺毛，有保持水分的功能。

（3）孢子囊。由于它的构造和形成的不同，可分为厚囊和薄囊两大类，前者的囊壳由多层细胞组成，后者的囊壳仅1层。

（4）环带。薄囊蕨类孢子囊释放孢子的机构。由数个到数十个U形加厚细胞和多个扁平的薄壁细胞（包括唇细胞）组成，环绕囊壳。

（5）隔丝。隔丝是一种毛状不育器官，混在孢子囊群中起内外保护作用。一般都有长柄，顶部呈各种形状，覆盖幼孢子囊群，如石韦的星状毛隔丝，瓦韦的盾状隔丝等。

那么，蕨类植物的一般特征有哪些呢？

植物体已有真正的根、茎、叶和维管组织的分化。已属维管植物的范畴。木质部只有管胞，韧皮部只有筛管或筛胞，没有伴胞，不开花、不产生种子，主要靠孢子进行繁殖，仍属孢子植物。

配子体弱小，生活期较短，称原叶体。孢子体和配子体均为独立生活的植物体。茎多为地下横卧的根状茎，少数种类具有地上直立或匍匐的气生茎。叶有单叶和复叶之分，叶形变化很大。

孢子叶背面，边缘或叶腋内可产生孢子囊，在孢子囊内形成孢子，以此进行繁殖，故又称能育叶。营养叶仅有光合作用功能，不产生孢子囊和孢子，故又称不育叶。

光合作用。一般蕨类植物的叶子兼具进行光合作用制造有机养料和产生孢子进行繁殖的功能，即同型叶。蕨类植物是最古老的陆生植物。在生物发展史上，泥盆纪和石炭纪时期是蕨类最繁盛的时期，为当时地球上的主要植物类群，高大的鳞木、封印木、芦木和树蕨等共同组成了古代的沼泽森林。二叠纪末开始，蕨类植物大量绝灭，其遗体埋藏地下，形成煤层。

 **地衣植物**

地衣是多年生植物，是由1种真菌和1种藻组合的复合有机体。因为两种植物长期紧密地联合在一起，无论在形态上、构造上、生理上和遗传上都形成了1个单独的固定有机体，是历史上发展的结果，因此，把地衣当作1个独立的门看待。本门植物全世界有500余属，25000余种。地衣一度分类为一个单独的植物体，但显微镜出现后发现地衣是由藻类和真菌结合而成的。

地衣是一类由真菌和藻类共生在一起的很特殊的植物，真菌的菌丝缠绕藻细胞，从外面包围藻类，夺取藻类光合作用制造的有机物，使藻类与外界隔绝，只能靠菌类供给水分、二氧化碳和无机盐。因此，它们是一种利益不均等的特殊共生关系，若将它们分离，藻类能生长、繁殖，而真菌只能饿死，它们是在弱寄生的基础上发展起来的共生关系。

不过地衣也有害处，它能寄生在经济树木特别是柑桔、茶树上，森林中的云杉、冷杉也挂满地衣，为地衣所覆盖，影响光照和呼吸，也是害虫的藏身地。某些壳状地衣能生长在古老的玻璃窗上，侵蚀玻璃。因此，在利用地衣的同时，还要防止它的危害。

有人曾试验把地衣体的藻类和菌类取出分别培养，而藻类生长、繁殖旺盛，菌类则被饿死。可见地衣体的菌类，必须依靠藻类生活。

大部分地衣是喜光性植物，空气必须新鲜，因此，在一些人流量密集或者工业集中的区域，是见不到地衣的。地衣生长缓慢，一般好几年才会生长几厘米，但是能忍受长期干旱，干旱时休眠，在雨水浇灌后重新获得生长。地衣耐寒性很强，因此，在高山带、冻土带和南、北极中，即便其他植物无法生存，地衣也可以生长繁殖，且常形成一望无际的广阔地衣群落。

地衣、真菌以及整个菌物都是真核生物。在自然界，地衣往往与苔藓植物同时出现，因此，人们可能常常会将这两种植物混淆，不过，认真观察，你会发现，苔藓植物有根、茎、叶的初步分化，属于高等绿色植物。由于它产生孢子，被称为孢子植物。当然，蕨类也是孢子植物，不过，它是维管束孢子植物，比非维管束的苔藓植物在进化上更为高级。而地衣则无真正根、茎、叶的分化，它不仅在进化上比苔藓植物更为原始，更重要的是，它并不是单一的植物有机体，而是由真菌和藻类共生的复合生物体。在形态、解剖、生理、化学及分布方面，地衣不但与自由生活的真菌不同，也与藻类不同。

根据外部形态，地衣可以分成3类：壳状地衣、叶状地衣和枝状地衣。地衣的体内除了纵横交错、有密有稀的无色的真菌丝以外，中间是藻层，由藻类细胞组成，还有从下层伸出成束的假根，它没有真根、茎、叶等器官。

地衣体中这种真菌与藻类的结合使它对环境有着惊人的适应性，其生长所需的生活物质，主要来自雨露和尘埃，能适应极度干旱和贫瘠的环境。它们当中，有的挂在树上，呈簇毛状，如灰黄褐色的"石蕊"；有的固着在裸露的岩石上，形状多种，如色彩鲜艳的"石花"。在终年冰封的南极，地衣竟成为植物中的优势种类，有黑色、灰色、黄色、白色和红色，真可谓五彩缤纷，为南极增添了奇异的景色。

地衣不仅好看，而且用途广泛。地衣中的石蕊，丛生在北极苔原的岩石表面或冰雪中，是寒带动物驯鹿的重要饲料，以此为生，因此又称它"驯鹿苔"。

我国和日本有一种珍贵的食品——石耳，是生长在悬崖绝壁上的一种地衣。不同种类的地衣在世界各国还是土食产品的原料。例如，冰岛人把地衣粉加在面包、粥或牛奶中吃。法国用地衣制造巧克力糖和粉粒，有的国家还用地衣制酒。

种子植物和孢子植物

在所有的植物中，也可以根据能不能产生种子这个标准来划分两大类群。凡是能产生种子的称为种子植物，不会产生种子的称为孢子植物。苹果、大豆、马尾松、银杏都是种子植物。苹果果核中的籽粒，大豆豆荚中的豆粒，马尾松的松子，银杏结的白果都是种子。蘑菇、香菇是孢子植物。它们既不会开花也不会结种子，在它们的伞盖下，会散出无数的细小颗粒，这就是它们的孢子。凡是种子植物都属于高等植物，但反过来，高等植物中并非都是种子植物。在高等植物中较低等的类群，它们不具备种子器官，只产生孢子，但同时又具有胚这一构造，所以这一类孢子植物也属高等植物。例如，在高等植物中的苔藓植物，就是孢子植物，因为它们不产生种子，但它们有胚这一构造，而蘑菇、香菇则没有胚。

当我们采到某一植物时，怎么来区分它是种子植物还是孢子植物呢？最根本的当然是检查一下它有没有种子。但是种子植物并非一年四季都能产生种子，看不到种子并不等于不会结种子，因此，在实际的应用中，多数情况并不是根据有无种子来判断。在没有看到种子的情况下，大致上可以根据以下几个方面来决定。

第一，凡是乔木、灌木、藤本植物可以说几乎都是种子植物。

第二，不管植株的大小、高矮，凡是能开花的，无论花色鲜艳与否都是种子植物。

第三，凡是能结果实的都是种子植物。

第四，具有网六叶脉或平行叶脉的植物，基本上都是种子植物。

 被子植物和裸子植物

种子植物中可以再分为两类，即被子植物和裸子植物。这两类植物的共同特征是都具有种子这一构造，但这两类植物又有许多重要区别。其中最主要的区别是被子植物的种子生在果实里面，除了当果实成熟后裂开时，它的种子是不外露的，如苹果、大豆即被子植物。裸子植物则不同，它没有果实这一构造。它的种子仅仅被一鳞片覆盖起来，决不会把种子紧密地包覆起来。在马尾松的枝条上，会结出许多红棕色尖卵形的松球，当仔细观察时，会看到它是由许多木质鳞片所形成，它们之间相互覆盖。如果把鳞片剥开，可以看到在每一鳞片下覆盖住两粒有翅的种子。在有些裸子植物中，如银杏，它的种子外面，连覆盖的鳞片也不存在，种子着生在一长柄上，自始至终处于裸露状态。具有这些特性的植物，都称为裸子植物。

被子植物与裸子植物的根本区别是种子外面有无果实包覆。但当我们检查某一植物是属于被子植物还是裸子植物时，并不都要去察看一下它们种子的情况，通常从其他一些特点来判断。先看它是草本还是木本植物，如果是草本植物，那毫无疑问，一定是被子植物，因为裸子植物全部是木本植物。如果碰到的是木本植物，那么先看看有没有花，有花的则是被子植物，因为裸子植物是不开花的。如果碰到没有花的木本植物，则可看叶片，裸子植物的叶片，除了银杏以外，叶形通常狭小，呈针形、鳞形、条

形、锥形等。银杏叶片虽宽，但呈展开的折扇状，叶脉二叉分枝，也很容易识别。其他少数裸子植物叶片稍宽一些，也仅呈狭披针形。这一部分叶片稍宽的裸子植物也不会同被子植物相混，因为这些裸子植物的叶脉，除中脉外，侧脉都不明显，叶片质地也较厚，都是常绿植物。

根据以上几个方面来区分被子植物和裸子植物也就不难了。

种子植物在世界上有20余万种，其中绝大部分是被子植物，裸子植物仅占极小的比例。被子植物与人类的关系最为密切，衣、食、住、行无不与被子植物相关，各种重要的经济植物，如粮食、油料、纤维、糖料、饮料、香料、橡胶以及药用植物等，都主要来源于被子植物。但裸子植物是木材的宝库，从森林的分布面积和木材的蕴藏量来看，裸子植物都有举足轻重的作用，占世界木材供应量的50%以上。

双子叶植物和单子叶植物

被子植物又可分为两大类，即双子叶植物和单子叶植物。它们的根本区别是在种子的胚中发育二片子叶还是发育一片子叶，二片的称为双子叶植物，一片的称为单子叶植物。前者如苹果、大豆；后者如水稻、玉米。这两类植物比较容易区分，因为它们之间在形态上有一些明显的不同。双子叶植物的根系，基本上是直系，主根发达；不少是木本植物，茎干能不断加粗；叶脉为网状脉；花中萼片、花瓣的数目都是5片或4片，如果花瓣是结合的，则有5个或4个裂片。单子叶植物的根系基本上是须根系，主根不发达；主要是草本植物，木本植物很少，茎干通常不能逐年增粗；叶脉为平行脉，花中的萼片、花瓣的数目通常是3片，或者是3片的倍数。利用上述几方面的差异，可以比较容易地区分单子叶植物和双子叶植物。

在整个被子植物中，双子叶植物的种类占总数的4/5，双子叶植物除了几乎所有的乔木以外，还有许多果类、瓜类、纤维类、油类植物，以及许多蔬菜；而单子叶植物中则有大量的粮食植物，如水稻、玉米、大麦、小麦、高粱等。

总结起来，双子叶植物和单子叶植物的区别有以下几点。

（1）子叶数目。单子叶植物种子的胚具有一片子叶，如玉米、小麦、水稻等；双子叶植物种子的胚具有两片子叶，如菜豆、花生、蚕豆、大豆等。

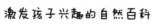

（2）花瓣的数目。单子叶植物的基数常为3，双子叶植物的基数常为5或4。

（3）营养器官。双子叶植物有发达的主根，茎中的维管束排列成环状，叶脉多为网状；单子叶植物有发达的须根，主根不发达，茎内的维管束常为散生型，叶脉多为平行或弧行的。

上述区别也不是绝对的，也存在一些例外的情况。比如，双子叶植物中的睡莲科中也存在单子叶现象，单子叶植物中的百合科也有4基数花的类型。

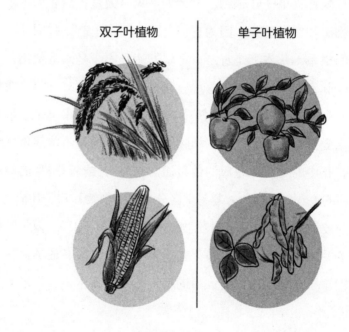

双子叶植物　　　　单子叶植物

 **树木**

树木是日常生活中人们最为常见的植物之一，是具有木质树干及树枝的植物，可存活多年。一般将乔木称为树，分枝距离地面较高，可以形成树冠。树有很多种。树的主要4部分是根、干、枝、叶。树根一般在地下，在一棵树的底部有很多根。

树干的部分分为5层。第1层是树皮。树皮是树干的表层，可以保护树身，并防止病害入侵。在树皮的下面是韧皮部，这一层纤维质组织把糖分从树叶运送下来。第3层是形成层。这一层十分薄，是树干的生长部分，所有其他细胞都是自此层而来。第4层是边材。这一层把水分从根部输送到树身各处，此层通常较心材浅色。第5层就是心材。心材是老了的边材，二者合称为木质部。树干绝大部分都是心材。

树木种类一般为大乔木、中乔木、小乔木、朱蕉类、松柏类、针叶类、阔叶类、灌木类、藤木类和匍匐类，有的树木体型巨大，如大乔木种类，可生长到100多米，经常用来打造家居；有的树木种类比较矮小，如匍匐类一般贴近地面生长。

1.大乔木

在树的种类中最常见的就是大乔木类，一般高度在20米以上，是挺直树干的木本植物；材质比较硬，适合打造家居，一般也作为房屋的桥梁；

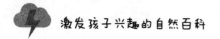
世界上最大的大乔木有150米长，树干要30个人才能围起来。

2.中乔木

中乔木一般高度在10～20米，最常见的中乔木有榕树、樟树、松树等，它们树干笔直，也适合打造一些家庭用具，比如说座椅瓢盆等，也可以用来烤火取暖，用途非常广泛。

3.小乔木

小乔木的高度一般在3～10米，最常见的小乔木如石榴，有的可以一年四季叶片都是绿色的，也有的小乔木在秋冬之前叶片都会掉光；有的适合生长在亚热带地区，有的适合生长在寒冷的北方。

4.朱蕉类

朱蕉类树木生长在热带或者亚热带地区，一般树木可以生长到5米，叶片颜色比较多彩，表面有黄色、绿色、紫褐色、红色等渲染，植株能开花结出果实，果实一般呈暗紫色或红色。

5.松柏类

松柏类既可以生长到十几米的高度，也可以种植在花盆中当盆景观赏；有少数的松柏类品种能结出果实，树叶一般呈针尖状，以条形为主，主要分布在我国西北方地区。

6.针叶类

针叶类的树木种类很常见，它们一般生长在寒冷地区，有较强的抗寒抗风行；树干通常都很直，适合用来打造家居或者床板，材质比较坚硬，树心颜色是淡黄色，长时间放在空气中会变成姜黄色。

7.阔叶类

阔叶类的树木一般树叶比较宽厚，长度在3～10厘米，但有的树木比如鹅掌树，它的叶片能长达20厘米。它主要分布在气候温暖的地区，沿海城市的阔叶类树木最多，常用来做绿化。

8.灌木类

灌木类的树木一般在3米以下，没有明显的树干，有非常多的分枝，最常见的是常绿阔叶植物。在冬季来临时，靠近地面的灌木叶片都会枯萎死亡，但根是健康完整的，最常见的灌木有栀子花、南天竹等。

9.藤木类

藤木类也是树木的种类之一，它的树干很细或者称为茎干，一般就是缠绕或者攀爬在其他物体上。常见的藤木类树木有爬山虎，秋冬时节叶片会掉落进入休眠，在来年的春天再重新生长。

10.匍匐类

匍匐类的树木特点一般是枝、干在地面生长，常见的匍匐类树木有铺地柏、番薯、蛇莓等；这种树木观赏性很强，多种植在公园或者庭院中，一般匍匐类的树木都是常绿植被，在冬季叶片也是绿色的。

落叶乔木

　　落叶乔木，顾名思义就是每年秋冬季节或干旱季节叶片全部脱落的乔木，一般指温带的落叶乔木，如山楂、梨、苹果、梧桐等。落叶乔木有：白（红）玉兰、榉树、柿子树、水杉、无患子、三角枫、桑树、石榴、红叶李、乌桕、鸡爪槭、红枫、栾树、紫荆、沙朴、朴树、紫玉兰、樱花等。

　　落叶乔木主产于亚洲南部和澳大利亚。我国的华中、华南、西南等省区有分布，也是鄢陵的乡土树种。落叶乔木高25m。树冠倒伞形，侧枝开展。树皮灰褐色，浅纵裂。小枝呈轮生状，灰褐色，被稀疏短柔毛，后光滑，叶痕和皮孔明显。叶互生，2～3回羽状复叶，长20～40厘米，叶轴初被柔毛，后光滑；小叶对生，卵形、椭圆形或披针形，长3～7厘米，宽0.5～3厘米，先端渐尖，基部圆形或楔形，通常偏斜，边缘具锯齿或浅钝齿，稀全缘；主脉突起明显，具特殊香味；小叶柄长0.1～1厘米。圆锥花序，长15～20厘米，与叶近等长，花瓣5个，浅紫色或白色，倒卵状匙形，长0.8～1厘米，外面被柔毛，内面光滑；雄蕊10个，花丝合成雄蕊筒，紫色。子房球形，5～6室，花柱细长，柱头头状。核果，黄绿色或淡黄色，近球形或椭圆形，长1～3厘米，每室具种子1个；外果皮薄革质，中果皮肉质，内果皮木质；种子椭圆形，红褐色。花期4～5月，果实生理成熟期10～11月。

　　落叶是植物减少蒸腾、渡过寒冷或干旱季节的一种适应方式，这一习性是植物在长期进化过程中形成的。落叶的原因，是由短日照引起的，其内部生长素减少，脱落酸增加，产生离层的结果。

在木材分类上，落叶乔木属于阔叶树材。这种植物种植广泛、材质坚硬，纹理通直，花纹美观。通常木段径级较大，适于刨印和旋切加工。常见的包括柞木、水曲柳、香樟、檫木及各种桦木、楠木和杨木等。在园林造景中有着不可替代的作用。

落叶乔木在园林绿化中占有重要地位，用途非常广泛，如可用作行道树、庭荫树、观叶、观花、观果树是工矿企业绿化树种等。另外，落叶乔木具有明显的季相特点。一方面可以利用树木外型、结构和色彩的丰富多变将植物作有意识的配置；另一方面，落叶树种的叶色常常会随着季节的变化而变色，这些变化在园林造景中起着举足轻重的作用。

 **常绿乔木**

常绿乔木，顾名思义是指终年具有绿叶且株型较大的木本植物，有部分常绿乔木是老叶未脱落就长新叶了，给人一种不会落叶的感觉。这类植物的叶寿命是两三年或更长，并且每年都有新叶长出，在新叶长出的时候也有部分旧叶的脱落，由于是陆续更新，所以终年都能保持常绿，常见的常绿乔木如大叶女贞、白皮松、华山松、广玉兰、马尾松、黑松、云杉、红杉，大部分常绿乔木是裸子植物。

这类植物由于具有四季常青的特性，其美化和观赏价值较高，因此常被用来作为绿化的首选植物。例如，白皮松便是人们最为常见的常绿乔木，我们常会在公园、庭院、广场和学校等地方见到。

以下是一些常见常绿乔木的品种。

1.大叶女贞

大叶女贞别名高杆女贞，具有园艺和药用价值，有毒性。具有滞尘抗烟的功能，能吸收二氧化硫，适应厂矿、城市绿化，是少见的北方常绿阔叶树种之一，常作行道树和公园绿化树种。

2.香樟树

别名：樟树、香樟、樟木、瑶人柴、栲樟、臭樟、乌樟，樟科、樟属常绿大乔木，高可达30米，直径可达3米，树冠广卵形；树冠广展，枝叶茂密，气势雄伟，是优良的绿化树、行道树及庭荫树。广布于中国长江以南各地，以中国台湾地方为最多。植物全体均有樟脑香气，可提制樟脑和提取樟油。木材坚硬美观，宜制家具、箱子。香樟树对氯气、二氧化硫、臭氧及氟气等有害气体具有抗性，能驱蚊蝇，能耐短期水淹，是生产樟脑的主要原料。材质上乘，是制造家具的好材料。

3.黑松

黑松别名白芽松，常绿乔木，高可达30米，树皮带灰黑色。四月开花，花单，雌花生于新芽的顶端，呈紫色，多数种鳞（心皮）相重而排成球形。成熟时，多数花粉随风飘出。球果至翌年秋天成，鳞片裂开而散出种子，种子有薄翅。果鳞的麟脐具有短刺。原产日本及朝鲜南部海岸地区。

4.马尾松

马尾松是松科，松属乔木，高可达45米，胸径1.5米；树皮红褐色，枝平展或斜展，树冠宽塔形或伞形，枝条每年生长一轮（广东两轮），冬芽卵状圆柱形或圆柱形，针叶细柔，微扭曲，两面有气孔线，边缘有细锯齿；叶鞘宿存。雄球花淡红褐色，圆柱形，聚生于新枝下部苞腋，穗状，雌球聚生于新枝近顶端，淡紫红色，种子长卵圆形，4～5月开花，球果第2年10～12月成熟。

马尾松分布极广，北自河南及山东南部，南至两广、湖南（慈利县）、台湾地区，东自沿海，西至四川中部及贵州，遍布于华中华南各地。是中国南部主要材用树种，经济价值高。一般在长江下游海拔600～700米以下，中游约1200米以下，在西部分布于海拔约1500米以下。

5.广玉兰

别名：洋玉兰、荷花玉兰，为木兰科、木兰属植物。原产美洲，北美洲以及中国大陆的长江流域及其以南地区。北方，如北京、兰州等地有引种，供观赏，花含芳香油。 由于开花很大，形似荷花，故又称"荷花玉兰"，可入药，也可作道路绿化。荷花玉兰树姿态雄伟壮丽，叶阔荫浓，花似荷花芳香馥郁，为美化树种，耐烟抗风，对二氧化硫等有毒气体有较强抗性，可用于净化空气，保护环境。

 **灌木**

灌木是指那些没有明显的主干、呈丛生状态的树木，一般可分为观花、观果、观枝干等几类。

灌木植株一般比较矮小，不会超过6米，从近地面的地方就开始丛生出横生的枝干。都是多年生。一般为阔叶植物，也有一些针叶植物是灌木，如刺柏。如果越冬时地面部分枯死，但根部仍然存活，第2年继续萌生新枝，则称为"半灌木"。例如，一些蒿类植物，也是多年生木本植物，但冬季枯死。

有的耐阴灌木可以生长在乔木下面，有的地区由于各种气候条件影响，如多风、干旱等，灌木是地面植被的主体，形成灌木林。沿海的红树林也是一种灌木林。

许多种灌木由于小巧，多作为园艺植物栽培，用于装点园林。

我国灌木树种资源丰富，有6000余种。常见灌木有玫瑰、杜鹃、牡丹、女贞、小檗、黄杨、沙地柏、铺地柏、连翘、迎春、月季等。

常见灌木品种有以下几种。

（1）栀子花。栀子花属于茜草科，原产于我国长江以南，枝、叶丛生。叶椭圆形，5~7月开花。

品种有大叶栀子、狭叶栀子和卵叶栀子。

（2）玫瑰。玫瑰是蔷薇科蔷薇属植物，在日常生活中是蔷薇属一系列花大艳丽的栽培品种的统称。玫瑰原产地是中国，现在在我国各地依然有栽培。

玫瑰属落叶灌木，枝杆多针刺，奇数羽状复叶，小叶5～9片，椭圆形，有边刺。花瓣倒卵形，重瓣至半重瓣，花有紫红色、白色，果期8～9月，扁球形。枝条较为柔弱软垂且多密刺，每年花期只有一次，因此较少用于育种，近来其主要被重视的特性为抗病性与耐寒性。

在古时的汉语，"玫瑰"一词原意是指红色美玉。在不断的文化演化过程中，玫瑰有了新的含义，它象征着美好的爱情。

（3）杜鹃花。又称山踯躅、山石榴，也是人们现在经常说的映山红，系杜鹃花科落叶灌木，落叶灌木。全世界的杜鹃花约有900种。

中国是杜鹃花分布最多的国家，约有530种，杜鹃花种类繁多，花色绚丽，花、叶兼美，地栽、盆栽皆宜，是中国十大传统名花之一。传说杜鹃花是由一种鸟吐血染成的。

（4）牡丹。牡丹是中国特有的木本名贵花卉，有数千年的自然生长和1500多年的人工栽培历史。毛茛科、芍药属植物，为多年生落叶灌木。茎高达2米；分枝短而粗。叶通常为二回三出复叶，偶尔近枝顶的叶为3小叶；顶生小叶宽卵形，表面绿色，无毛，背面淡绿色，有时具白粉，侧生小叶狭卵形或长圆状卵形，叶柄长5～11厘米，和叶轴均无毛。花单生枝顶，苞片为5，长椭圆形；萼片为5，绿色，宽卵形，花瓣为5或为重瓣，玫瑰色、红紫色、粉红色至白色，通常变异很大，倒卵形，顶端呈不规则的波状；花药长圆形，长4毫米；花盘革质，杯状，紫红色；心皮为5，稀更多，密生柔毛。蓇葖长圆形，密生黄褐色硬毛。花期为5月；果期为6月。

牡丹花朵色彩鲜艳、雍容华贵、富丽堂皇，素有"花中之王"的美誉。按照花的颜色，牡丹能分为上百个品种，色泽亦多，以黄、绿、肉红、深红、银红为上品，尤其黄、绿为贵。牡丹花大而香，故又有"国色天香"之称。唐代刘禹锡有诗曰："庭前芍药妖无格，池上芙蕖净少情。唯有牡丹真国色，花开时节动京城。"在清代末年，牡丹就被赞誉为中国的国花，1985年5月牡丹被评为中国十大名花之二。

（5）石楠。又名石眼树。蔷薇科，石楠属。原产我国秦岭一带。叶片革质，长椭圆形，一年四季翠绿。古诗曾云："石楠红叶透帘春，忆得妆成下锦茵。试折一枝含万恨，分明说向梦中人。"

（6）人参果。茄科，水果兼观赏型草本植物。在热带、亚热带地区为多年小灌木。在我国和日本则作为一年生栽培。果为多汁浆果，果肉为淡黄色，呈椭圆形、卵圆形、心形、陀螺形，成熟的果实呈奶油色或米黄色，可出现紫红色条斑。

第06章
自然灾害

　　我们人类生活在地球上，常会遇到各种自然灾害，这些自然灾害给我们的生活和生产带来极大的不便，甚至可能造成生命威胁，下面我们就来看看常见的自然灾害有哪些，以及如何应对这些自然灾害。

地震又称地动、地震动，是地壳快速释放能量过程中造成的震动，期间会产生地震波的一种自然现象。地球上板块与板块之间相互挤压碰撞，造成板块边沿及板块内部产生错动和破裂，是引起地震的主要原因。

地震常常造成严重人员伤亡，能引起火灾、水灾、有毒气体泄漏、细菌及放射性物质扩散，还可能造成海啸、滑坡、崩塌、地裂缝等次生灾害。

地震波发源的地方，叫作震源。震源在地面上的垂直投影，地面上离震源最近的一点称为震中，中国地震火山分布带中，它是接受振动最早的部位。震中到震源的深度叫作震源深度。通常将震源深度小于70千米的叫作浅源地震，深度在70~300千米的叫作中源地震，深度大于300千米的叫作深源地震。对于同样大小的地震，由于震源深度不一样，对地面造成的破坏程度也不一样。震源越浅，破坏越大，但波及范围也越小，反之亦然。

破坏性地震一般是浅源地震。如1976年的唐山地震的震源深度为12千米。破坏性地震的地面震动最烈处称为极震区，极震区往往也就是震中所在的地区。

观测点距震中的距离叫震中距。如果震中距小于100千米，被叫作地方震，在100~1000千米的地震称为近震，大于1000千米的地震称为远震，其中，震中距越长的地方受到的影响和破坏越小，反之受到的破坏力和影响越大。

地震所引起的地面振动是一种复杂的运动，它是在纵波和横波共同作用下所起到的结果，在震中区，纵波横波导致地面水平晃动。导致地面上下颠动。由于横波传播速度较慢，衰减也较慢，纵波传播速度较快，衰减也较快，因此离震中较远的地方，往往感觉不到上下跳动，但能感到水平晃动。比如，某地发生了一场大地震，一般来说，一段时间内，还会发生一系列地震，其中最大的一个地震叫作主震，主震之前发生的地震叫前震，主震之后发生的地震叫作余震。

地震具有一定的时空分布规律。从时间上看，地震有平静期和活跃期交替出现的周期性现象。从空间上看，地震的分布呈一定的带状，称为地震带。就大陆地震而言，主要集中在环太平洋地震带和地中海—喜马拉雅地震带两大地震带。太平洋地震带几乎集中了全世界80%以上的浅源地震（0～70千米），全部的中源（70～300千米）和深源地震（>300千米），所释放的地震能量约占全部能量的80%。

那么，地震是如何形成的呢？

地球表层的岩石圈称作地壳。地壳岩层受力后快速破裂错动引起地表震动或破坏就叫地震。由地质构造活动引发的地震叫作构造地震；由火山活动造成的地震叫作火山地震；由固岩层（特别是石灰岩）塌陷引起的地震叫作塌陷地震。

地震是一种极其普通和常见的自然现象，但由于地壳构造的复杂性和震源区的不可直观性，它是怎样孕育和发生的，其成因和机制是什么的问题，至今尚无完满的解答，但目前科学家比较公认的解释是构造地震是由地壳板块运动造成的。

由于地球在无休止地自转和公转，其内部物质也在不停地进行分异，所以，围绕在地球表面的地壳，或者说岩石圈也在不断地生成、演变和运

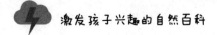

动，这便促成了全球性地壳构造运动。关于地壳构造和海陆变迁，科学家们经历了漫长的观察、描述和分析，先后形成了不同的假说、构想和学说。

板块构造学说又称新全球构造学说，已为广大地学工作者所接受的一个关于地壳构造运动的学说。

 海啸

海啸是由海底地震、火山爆发、海底滑坡或气象变化所产生的破坏性海浪，海啸的波速高达每小时700～800千米，在几小时内就能横过大洋，波长可达数百千米，可以传播几千千米而能量损失很小。

全球的海啸发生区大致与地震带一致。全球有记载的破坏性海啸大约有260次，平均大约六七年发生一次。发生在环太平洋地区的地震海啸就占了约80%，而日本列岛及附近海域的地震又占太平洋地震海啸的60%左右，日本是全球发生地震海啸并且受害最深的国家。

海啸是一种灾难性的海浪，通常由震源在海底下50千米以内、里氏震级6.5以上的海底地震引起。海啸波长比海洋的最大深度还要大，轨道运动在海底附近也没受多大阻滞，不管海洋深度如何，波都可以传播过去。剧烈震动之后不久，巨浪呼啸以催枯拉朽之势，越过海岸线，越过田野，迅猛地袭击着岸边的城市和村庄，瞬时人们都消失在巨浪中。港口所有设施，被震塌的建筑物，在狂涛的洗劫下，被席卷一空，海滩上一片狼藉。

海啸发生时，震荡波在海面上以不断扩大的圆圈，传播到很远的地方。它以每小时600～1000千米的高速，在毫无阻拦的洋面上驰骋1万～2万千米的路程，掀起10～40米高的拍岸巨浪，吞没所波及的一切，有时最先到达的海岸的海啸可能是波谷，水位下落，暴露出浅滩海底。几分钟后波峰到来，一退一进，造成毁灭性的破坏。

目前，人类对地震、火山、海啸等突如其来的灾变，只能通过预测、观察来预防或减少它们所造成的损失，但这还不能控制它们的发生。

2004年印度洋地震大海啸灾难，仅次于1960年智利9.5大地震引发的海啸，成为史上第二强震及海啸。到2005年1月10日为止的统计数据显示，印度洋大地震和海啸已经造成15.6万人死亡，这可能是世界近200多年来死伤最惨重的海啸灾难。

因为地震波沿地壳传播的速度远比地震海啸波运行速度快，所以海啸是可以提前预报的。不过，海啸预报比地震探测还要难，因为海底的地形太复杂，海底的变化很难测得准。

那么，海啸时应如何逃生呢？

地震海啸发生的最早信号是地面强烈震动，地震波与海啸的到达有一个时间差，正好有利于人们预防。如果你感觉到较强的震动，不要靠近海边、江河的入海口。如果听到有关附近地震的报告，要做好防海啸的准备，注意电视和广播新闻。要记住，海啸有时会在地震发生几小时后到达离震源上千千米远的地方。

如果发现潮汐突然反常涨落，海平面显著下降或者有巨浪袭来，都应以最快速度撤离岸边。

海啸前海水异常退去时往往会把鱼虾等许多海生动物留在浅滩，场面蔚为壮观。此时千万不要前去捡鱼或看热闹，应当迅速离开海岸，向内陆高处转移。

发生海啸时，航行在海上的船只不可以回港或靠岸，应该马上驶向深海区，深海区相对于海岸更为安全。

每个人都应该有一个急救包，里面应该有足够72小时用的药物、饮用水和其他必需品。这一点适用于海啸、地震和一切突发灾害。

火山爆发

火山是一种常见的地貌形态。地壳之下100～150千米处，有一个"液态区"，区内存在着高温、高压下含气体挥发成分的熔融状硅酸盐物质，即岩浆。它一旦从地壳薄弱的地段冲出地表，就形成了火山。火山分为"活火山""死火山"和"休眠火山"。火山是炽热地心的窗口，地球上最具爆发性的力量，爆发时能喷出多种物质，如火山泥石流、熔浆流等。

而富士山是世界上最大的活火山之一。目前处于休眠状态，但地质学家仍然把它列入活火山之类。最后一次喷发是在1707年，此后休眠至今。

火山是炽热地心的窗口，是地球上最具爆发性的力量。火山是一个由固体碎屑、熔岩、流或穹状喷出物围绕着其喷出口堆积而成的隆起的丘或山。火山喷出口是一条由地球上地幔或岩石圈到地表的管道，大部分物质堆积在火山口附近，有些被大气携带到高处而扩散到几百或几千千米外的地方。

火山的形成涉及一系列物理化学过程。地壳上地幔岩石在一定温度压力条件下产生部分熔融并与母岩分离，熔融体通过孔隙或裂隙向上运移，并在一定部位逐渐富集而形成岩浆囊。随着岩浆的不断补给，岩浆囊的岩浆过剩压力逐渐增大。当表壳覆盖层的强度不足以阻止岩浆继续向上运动时，岩浆通过薄弱带向地表上升。在上升过程中溶解在岩浆中挥发性物质逐渐溶出，形成气泡，当气泡占有的体积分数超过75%时，禁锢在液体中的气泡会迅速释放出来，导致爆炸性喷发，气体释放后岩浆黏度降到很低，流动转变成湍流性质的。例如，若岩浆黏滞性数较低或挥发性物质较少，便仅有宁静式溢流。从部分熔融到喷发一系列的物理化学过程的差别形成了形形色色的火山活动。

火山爆发喷出的大量火山灰和暴雨结合形成泥石流能冲毁道路、桥梁，淹没附近的乡村和城市，使无数人无家可归。泥土、岩石碎屑形成的泥浆就像洪水一般淹没了整座城市。

岩石虽被火山灰云遮住了，但火山刚爆发时仍可看到被喷到半空中的巨大岩石。

火山碎屑是火山喷出的岩浆冷凝碎屑以及火山通道内和四壁岩石碎屑。火山碎屑按大小分为大于鸡蛋的火山块，小于鸡蛋的火山砾，小于黄豆的火山砂和颗粒极细小的火山灰；按形状分为：纺锤形、条带形或扭动形状的火山弹，扁平的熔岩饼，丝状的火山毛；按内部结构分为：内部多孔、颜色较浅的浮石，泡沫，内部多孔、颜色黑、褐的火山碴。被喷射到

空中的火山碎屑，粗重的落在火山口附近，轻而小的或被风吹到几百千米以外沉降，或上升到平流层随大气环流。火山喷发时灼热的火山灰流与水（火山区暴雨、附近的河流湖泊等）混合则形成密度较大的火山泥流。火山灰流和泥流都有灾害性。

　　火山碎屑熔岩是火山碎屑物质的含量占90%以上的岩石，火山碎屑物质主要有岩屑、晶屑和玻屑，因为火山碎屑没有经过长距离搬运，基本上是就地堆积，因此，颗粒分选和磨圆度都很差。

 泥石流

泥石流是指在山区或者其他沟谷深壑，地形险峻的地区，因为暴雨、暴雪或其他自然灾害引发的山体滑坡并携带有大量泥沙以及石块的特殊洪流。

泥石流类型如果按物质成分划分有以下几种。

（1）由大量黏性土和粒径不等的砂粒、石块组成的叫泥石流。

（2）以黏性土为主，含少量砂粒、石块、黏度大、呈稠泥状的叫泥流。

（3）由水和大小不等的砂粒、石块组成的称为水石流。

如果按流域形态划分有以下几种。

标准型泥石流：为典型的泥石流，流域呈扇形，面积较大，能明显的划分出形成区，流通区和堆积区。

河谷型泥石流：流域呈有狭长条形，其形成区多为河流上游的沟谷，固体物质来源较分散，沟谷中有时常年有水，故水源较丰富，流通区与堆积区往往不能明显分出。

山坡型泥石流：流域呈斗状，其面积一般小于1000平方米，无明显流通区，形成区与堆积区直接相连。

泥石流是一种自然灾害，在泥石流发生前，一般会有以下征兆。

坡面发生变形，水路堵塞，泉水断流。

在山体附近坡面有不稳定因素的情况下易发生山崩和泥石流。

在降雨达到峰值时，上游的降水激烈，泥沙灾害显著，溪沟出现异常洪水。

山地发生山崩或沟岸侵蚀时，山上树木发出沙沙的扰乱声，山体出现异常的山鸣。

当听到有类似机械的开动声或似打雷的声音时，又有直立水柱的现象出现，那么即将发生泥石流。

发生山崩或沟岸侵蚀，流水中有漂木出现。

由于上游发生崩塌，溪沟的流水非常浑浊。

在流水增大时，溪沟内发出石头与石头相互碰撞的咯咔咯咔的声音。

上游河道发生堵塞，溪沟内水位急剧减少。

上游发生山崩，能闻到异常臭味。

在人还没有感觉出有异常现象时，动物就已经提前感知到了，如猫的大声嘶叫等。

以上这些泥石流发生的前兆现象，大多是与降水的程度有密切关系的，因此，提前做好短时间内的降雨预报工作是极为重要的。此外，在没有降雨的情况下，由于坡面土壤水分的过于饱和，也可形成泥石流的发生。

泥石流的活动强度主要与地形地貌、地质环境和水文气象条件3个方面的因素有关。比如，崩塌、滑坡、岩堆群落地区，岩石破碎、风化程度深，则易成为泥石流固体物质的补给源；沟谷的长度较大、汇水面积大、纵向坡度较陡等因素为泥石流的流通提供了条件；水文气象因素直接提供水动力条件。往往大强度、短时间出现暴雨容易形成泥石流，其强度显然与暴雨的强度密切相关。泥石流以极快的速度，发出巨大的声响穿过狭窄的山谷，倾泻而下。它所到之处，墙倒屋塌下，一切物体都会被厚重粘稠的泥石所覆盖。

　　山坡、斜坡的岩石或土体在重力作用下，失去原有的稳定性而整体下滑坡。遇到泥石流或山体滑坡灾害，采取脱险逃生的办法有以下几种。

　　在山谷徒步行走时，如果下暴雨，在听到山谷有异常的声音时，要立即跑向坚固的高地或泥石流的旁侧山坡跑去，千万不要逗留。

　　如果在房屋内，一定要立即跑出并跑向开阔的高地，尽可能防止被埋压。

　　发现泥石流后，要马上与泥石流成垂直方向一边的山坡上面爬，爬得越高越好，跑得越快越好，绝对不能向泥石流下滑的方向跑，如果发生的是山体滑坡时，同样要向垂直于滑坡的方向逃生。

　　要选择平整的高地作为营地，尽可能避开有滚石和大量堆积物的山坡下面，不要在山谷和河沟底部扎营。

 **台风**

台风，就是发生在热带海洋上的大气涡旋，所以又叫热带气旋。当涡旋中心最大风力达到12级以上时，称为台风。

台风发源于热带海面，那里温度高，大量的海水被蒸发到了空中，形成一个低气压中心。随着气压的变化和地球自身的运动，流入的空气也旋转起来，形成一个逆时针旋转的空气旋涡，这就是热带气旋。只要气温不下降，这个热带气旋就会越来越强大，最后形成了台风。

台风源地，指经常发生台风的海区，全球台风主要发生于8个海区。其中北半球有北太平洋西部和东部、北大西洋西部、孟加拉湾和阿拉伯海5个海区，而南半球有南太平洋西部、南印度洋西部和东部3个海区。从每年台风发生数及其占全球台风总数的百分率的区域分布图中可以看到，全球每年平均可发生62个台风，大洋西部发生的台风比大洋东部发生的台风多得多。其中以西北太平洋海区为最多（占36%以上），而南大西洋和东南太平洋至今尚未发现有过台风。西北太平洋台风的源地又分3个相对集中区：菲律宾以东的洋面、关岛附近洋面和南海中部。在南海形成的台风，对我国华南一带影响重大。

台风大多数发生在南、北纬度的5°～20°，尤其是在10°～20°占到了总数的65%。而在20°以外的较高纬度发生的台风只占13%，发生在5°以内赤道附近的台风极少，但偶尔还是有的，如福建省气象台就发现1970～

1971年这两年中，西北太平洋共有3个台风发生在5°以南区域。据近10多年来卫星资料的分析，发展成台风的扰动云团，在几天前即可发现，所以实际上扰动的初始位置比以前发现的位置偏东。如北大西洋上，以前认为发展成台风的初始扰动大多数产生在大洋的中部，而有人根据云图分析，认为每年有2/3台风的扰动起源于非洲大陆。这些扰动一般表现为倒"V"形或旋涡状云形，它们沿东风气流向西移动，到达北大西洋中部和加勒比海时，便发展成台风。北太平洋西部和南海台风的初始扰动位置，也要比以前发现的位置偏东。

加强台风的监测和预报，是减轻台风灾害的重要的措施。对台风的探测主要是利用气象卫星。在卫星云图上，能清晰地看见台风的存在和大小。利用气象卫星资料，可以确定台风中心的位置，估计台风强度，监测台风移动方向和速度，以及狂风暴雨出现的地区等，对防止和减轻台风灾害起着关键作用。当台风到达近海时，还可用雷达监测台风动向。建立城市的预警系统，提高应急能力，建立应急响应机制。还有气象台的预报

员，根据所得到的各种资料，分析台风的动向，登陆的地点和时间，及时发布台风预报，台风警报或紧急警报，通过电视，广播等媒介为公众服务，让沿海渔船及时避风回港，同时为各级政府提供决策依据，发布台风预报或警报是减轻台风灾害的重要措施。

洪水

在世界上各大灾害之中，洪水灾害是极为严重的一种，它指的是由暴雨、急骤融冰化雪、风暴潮等自然因素引起的江河湖海水量迅速增加或水位迅猛上涨的水流现象。当某一流域内暴雨量达到一定程度或者融雪产生径流时，都会按照水流源头的远近汇集于出口处，而当河水流量增加时，水位就随之上涨，那么，洪水现象就产生。及至大部分高强度的地表径流汇集到出口断面时，河水流量增至最大值称为洪峰流量，其相应的最高水位，称为洪峰水位。当暴雨停止后的一段时间，流域地表径流及存蓄在地面、表土及河网中的水量均已流出出口断面时，河水流量及水位回落至原来状态。洪水从起涨至峰顶到回落的整个过程连接的曲线，称为洪水过程线，而流出的水流总量就是洪水总量。

一般来说，洪水往往会发生在人口密集大、江河湖泊集中、降雨量大的一些工农业集中地，常见的就是北半球暖温带、亚热带。中国、孟加拉国是世界上洪水灾害发生最频繁的地区，美国、日本、印度和欧洲的洪水灾害也较严重。

以中国为例，中国最典型的就是季风气候明显加上地形复杂，导致了中国是一个洪水灾害频发的国家，全国约有35%的耕地、40%的人口和70%的工农业生产经常受到江河洪水的威胁，并且因洪水灾害所造成的财产损失居各种灾害之首。

　　根据史料统计，从公元前206年至1949年的2155年当中，全国各地发生较大的洪涝灾害1092次，平均约每两年发生1次。1954年是1949年以来长江全流域洪涝灾害最严重的一年，全国受灾农作物面积达2.4亿亩，约3.3万人死亡。

　　如1998年长江、嫩江、松花江流域的特大洪水，受灾面积3.34亿亩，受灾1.8亿人（次），死亡4150人。

　　从洪涝灾害的发生机制来看，洪水灾害具有明显的季节性、区域性和可重复性。世界上多数国家的洪水灾害易发生在下半年，我国的洪水灾害主要发生在4～9月。如我国长江中下游地区的洪水几乎全部都发生在夏季。洪水灾害与降水时空分布及地形有关。世界上洪水灾害较重的地区多在大河两岸及沿海地区。对于我国来说，洪涝一般是东部多、西部少；沿海地区多，内陆地区少；平原地区多，高原和山地少。洪水灾害同气候变化一样，有其自身的变化规律，这种变化由各种长短周期组成，使洪水灾害循环往复发生。

　　当洪水发生时如果来不及转移，要记住以下几点自救办法。

　　如果来不及转移，可向高处（如结实的楼房顶、大树上）转移，等候救援人员营救。

　　为防止洪水涌入屋内，首先要堵住大门下面所有空隙。最好在门槛外侧放上沙袋，可用麻袋、草袋或布袋、塑料袋，里面塞满沙子、泥土、碎石。如果预料洪水还会上涨，那么底层窗槛外也要堆上沙袋。

　　如果洪水还有上涨的势头，应该在安全的高地储存一些物资，如食、水、保暖衣物等。

　　如果水灾严重，且水位一直上涨，就要准备逃生的器具。任何入水能浮的东西，如床板、箱子及柜、门板等，都可用来制作木筏。木筏需要用类似绳子类的物品进行捆绑，如果一时找不到绳子，可用床单、被单等撕开来代替。

在爬上木筏之前，一定要试试木筏是否能承载重物以及是否安全稳定，食品、发信号用具（如哨子、手电筒、旗帜、鲜艳的床单）、划桨等是必不可少的。在离开房屋漂浮之前，要吃些含较多热量的食物，如巧克力、糖、甜糕点等，并喝些热饮料，以增强体力。

在离开家门之前，还要把煤气阀、电源总开关等关掉，时间允许的话，将贵重物品用毛毯卷好，收藏在楼上的柜子里。出门时最好把房门关好，以免家产随水漂流掉。

 沙尘暴

沙尘暴指的是沙暴和尘暴的总称，必须要风沙结合在一起才能形成，沙尘暴发生时，风会将大量沙尘吹起来并卷入空中，空气由此变得浑浊不堪、能见度降低，当水平能见度小于1000米时，沙尘暴就形成了。其中沙暴是指大风把大量沙粒吹入近地层所形成的挟沙风暴；尘暴则是大风把大量尘埃及其他细颗粒物卷入高空所形成的风暴。

沙尘暴的形成原因有很多，主要与地球的温室效应、厄尔尼诺现象、森林锐减、植被破坏、物种灭绝、气候异常等因素有着不可分割的关系。其中，人口膨胀随即引发的过度资源开发、森林砍伐、土地过度开垦等是沙尘暴频繁发生的主要原因。

沙尘暴作为一种高强度风沙灾害，并不是在所有有风的的地方都能发生，只有那些气候干旱、植被稀疏的地区，才有可能发生沙尘暴。在我国西北地区，森林覆盖率本来就不高，贫穷的西北人民还想靠挖甘草、搂发菜、开矿发财，这些掠夺性的破坏行为更加剧了这一地区的沙尘暴灾害。裸露的土地很容易被大风卷起形成沙尘暴甚至强沙尘暴。

沙尘暴的危害有很多。

1.大气污染

在发生沙尘暴的地区，大气中的可吸入颗粒物（TSP）增加，大气污

染加剧。于1993年"5.5"发生的特强沙尘暴，甘肃省金昌市的室外空气的TSP浓度达到1016毫克/立方米，室内为80毫克/立方米，要知道，这是国家给定的标准的四十倍以上了，对大气造成了严重的污染。2000年3～4月，北京地区也发生了极强的沙尘暴空气污染指数达到4级以上的有10天，同时，我国很多东部城市因此受到影响，到了3月24～30日，包括南京、杭州在内的18个城市的日污染指数超过4级。

2.土壤风蚀

每次沙尘暴发生时，无论是沙尘源或者影响区都受到不同程度的危害，被风腐蚀的深度可达1～10厘米。据估计，我国每年由沙尘暴产生的土壤细粒物质流失高达106～107吨，其中绝大部分粒径在10微米以下，对于农田、草场的土地都造成了严重破坏。

3.生命财产损失

1993年5月5日，发生在甘肃省多地的强沙尘暴导致了253.55万亩田地受灾，损失树木4.28万株，造成直接经济损失达2.36亿元，50人丧生，重伤153人。而2000年4月12日发生的另外一起沙尘暴，导致了经济损失达1534万元。

4.交通安全（飞机、汽车等交通事故）

沙尘暴天气经常影响交通安全，造成飞机不能正常起飞或降落，使汽车、火车车厢玻璃破损、停运或脱轨。

近年来，我国专业人士就沙尘暴产生的真正原因进行了一项实验和探讨，实验表明，土壤风蚀是沙尘暴发生发展的首要环节。风是土壤最直接的动力，其中气流性质、风速大小、土壤风蚀过程中风力作用的相关条件等是最重要的因素。另外土壤含水量也是影响土壤风蚀的重要原因之一。

这项实验还证明，植物措施是防治沙尘暴的有效方法之一。专家认为植物通常以两种形式来影响风蚀：分散地面上一定的风动量，减少气流与沙尘之间的传递；阻止土壤、沙尘等的运动。

此外，通过实验研究人员得出一条结论：沙尘暴发生不仅是特定自然环境条件下的产物，而且与人类活动有对应关系。人为过度放牧、滥伐森林植被，工矿交通建设尤其是人为过度垦荒破坏地面植被，扰动地面结构，形成大面积沙漠化土地，直接加速了沙尘暴的形成和发育。

为此，预防和治理沙尘暴成了我们关心的问题，以下是几点措施。

第一，加强环境保护，并将其列入法制范围内。

第二，恢复植被，加强对沙尘暴的防护体系，实行依法保护和恢复森林和植被，防止土地沙化进一步扩大，尽可能减少沙尘源地。

第三，因地制宜，根据不同地区的土地沙化情况，推广减灾技术，并建设一批示范工程，以点带面逐步推广，进一步完善区域综合防御体系。

第四，控制人口增长，减轻人为造成的土地压力，进而保护环境。

第五，加强沙尘暴的发生、危害与人类活动的关系的科普宣传，让人们都认识到沙尘暴的危害以及人类活动与沙尘暴之间的必然关系，要让人们将保护环境作为一种生活态度和理念并执行起来。

另外，当沙尘暴发生时，还应掌握几点应急措施。

第一，及时关闭门窗，必要时可用胶条对门窗进行密封。

第二，外出时要戴口罩，用纱巾蒙住头，以免沙尘侵害眼睛和呼吸道而造成损伤。应特别注意交通安全。

第三，机动车和非机动车应减速慢行，密切注意路况，谨慎驾驶。

第四，妥善安置易受沙尘暴损坏的室外物品。

参考文献

[1]才林.自然百科全书（拼音版）[M].北京：北京联合出版公司，2017.

[2]俞玉.自然百科全书[M].北京：中国华侨出版社，2013.

[3]魏红霞.学习改变未来.爱迪生科普馆.自然百科[M].北京：北京教育出版社，2014.

[4]魏红霞.学习改变未来.爱迪生科普馆.世界地理百科[M].北京：北京教育出版社，2015.